Therapie der Wissenschaft

# Culture and Knowledge
Edited by Friedrich G. Wallner

Vol. 2

PETER LANG
Frankfurt am Main · Berlin · Bern · Bruxelles · New York · Oxford · Wien

Kurt Greiner

# Therapie der Wissenschaft

Eine Einführung in die Methodik
des Konstruktiven Realismus

PETER LANG
Europäischer Verlag der Wissenschaften

**Bibliografische Information Der Deutschen Bibliothek**
Die Deutsche Bibliothek verzeichnet diese Publikation in der
Deutschen Nationalbibliografie; detaillierte bibliografische
Daten sind im Internet über <http://dnb.ddb.de> abrufbar.

Die Umschlagabbildung und alle im Buch abgedruckten
Cartoons sind Schöpfungen des Autors.

© Kurt Greiner

Gedruckt mit Unterstützung des Bundesministeriums für
Bildung, Wissenschaft und Kultur in Wien.

Gedruckt auf alterungsbeständigem,
säurefreiem Papier.

ISSN 1613-902X
ISBN 3-631-53821-9
© Peter Lang GmbH
Europäischer Verlag der Wissenschaften
Frankfurt am Main 2005
Alle Rechte vorbehalten.

Das Werk einschließlich aller seiner Teile ist urheberrechtlich
geschützt. Jede Verwertung außerhalb der engen Grenzen des
Urheberrechtsgesetzes ist ohne Zustimmung des Verlages
unzulässig und strafbar. Das gilt insbesondere für
Vervielfältigungen, Übersetzungen, Mikroverfilmungen und die
Einspeicherung und Verarbeitung in elektronischen Systemen.

Printed in Germany 1 2 3 4  6 7

www.peterlang.de

*Meiner Ehefrau Renate gewidmet*

*„Das Objekt der Naturwissenschaften ist nicht die Natur"*

*Fritz Wallner*

# Vorwort des Herausgebers

Da die wissenschaftliche Diskussion des „Konstruktiven Realismus" im internationalen Raum bereits seit über anderthalb Jahrzehnte geführt wird, war es freilich schon ein dringendes Desiderat, endlich auch eine didaktische Einführung bzw. ein handliches Lehrbuch für diese Wissenschaftstheorie zu entwickeln. Ein solches soll nicht nur den Studierenden der Philosophie und Wissenschaftstheorie, der Pädagogik, der Psychologie sowie aller weiteren human- und sozialwissenschaftlichen Fächer das Eindringen in den Konstruktiven Realismus erleichtern, sondern es vor allem Wissenschaftlern und Forschern anderer Disziplinen ermöglichen, sich in kurzer Zeit einen Überblick über diese Wissenschaftstheorie zu verschaffen und darüber hinaus die Anwendungsmöglichkeiten im eigenen Handlungsfeld zu erkunden.

So erhielten wir in den letzten Jahren immer wieder Anfragen, was „Verfremdung" sei und wie man sie handhaben müsse, wie „Konstruktion" zu verstehen sei, was es mit dem Unterschied zwischen „Wirklichkeit" und „Realität" auf sich habe, wodurch sich der Konstruktive Realismus von anderen konstruktivistischen Positionen unterscheide (so z.B. von Ernst v. Glasersfelds Ansatz oder vom System Paul Watzlawicks) und ähnliches mehr.

Dieses Buch bietet auf lesbare und leicht verständliche Weise einen Einblick in die grundsätzlichsten Gedanken des Konstruktiven Realismus und bereitet diese zudem auf eine humorvolle Art auf. Das ermöglicht dem Leser nicht nur diesen Theorien mit mehr Verständnis bzw. einer Vertiefung seines Verständnisses entgegenzutreten, sondern lädt ihn auch ein, den Konstruktiven Realismus in vielfacher Hinsicht und zum Teil sogar auf ungewöhnliche Themenstellungen anzuwenden. Wie sich schön zeigen lässt, kann die verfremdende Strategie im konstruktiv-realistischen Sinne selbst dort nutzbar gemacht werden, wo es darum geht, die methodologische Struktur dieser Verfahrensweise zu spezifizieren. Dabei wird offensichtlich, dass der Konstruktive Realismus, im Unterschied zu allen anderen Wissenschaftstheorien, nicht nur von der wissenschaftlichen Praxis ausgeht, sondern dass er sich dieser auch als reflexionstheoretische Serviceleistung zum praktischen Gebrauch anbietet. Deshalb eignet sich dieses Buch besonders für Studenten und für Wissenschaftler sämtlicher Richtungen und zwar sowohl als Einführung, als auch als Anleitung, den Konstruktiven Realismus gewinnbringend zu praktizieren.

Wien, im Februar 2005<br>
Fritz G. Wallner

Inhaltsverzeichnis

Einleitung ............................................................................................ 13

I. Zur Notwendigkeit einer Therapie für wissenschaftliches Handeln:
   die Ausgangslage des CR ................................................................ 19

1. Weltformel-Manie: ein problematisches Selbstverständnis der Wissenschaft .. 21
2. Das Quantensprungdilemma: man kommt nicht über die Erfahrungswelt
   hinaus ............................................................................................... 28
3. Der Objekt-Methode-Zirkel: Reziprozität von Forschungsgegenstand
   und Untersuchungsmethode ............................................................. 31
4. Instrumentalistische Depression: gefährliche Konsequenz aus
   dem Selbstverständnisdefizit der Wissenschaft ................................ 34
5. Fazit: Epistemologische Therapie als gebotene Medikation bei
   Weltformel-Manie und instrumentalistischer Depression ................ 38

II. Zur handlungstheoretischen Frage der ET: die Konsequenz aus
    dem Zirkelproblem im CR .............................................................. 45

1. Was tun Wissenschaftler eigentlich, wenn sie gerade dabei sind, Wissen
   zu schaffen? ...................................................................................... 47
2. Von der Deskription zur Konstruktion ............................................. 49
3. Wissenschaftliche Handlung als Weltenkonstruktion ...................... 53

III. Zur methodologischen Struktur der ET: die ontologische
     Terminologie im CR ....................................................................... 57

1. Vom klassischen Subjekt-Objekt-Modell zur Drei-Welten-Ontologie im CR . 58
2. Die ontologische Terminologie im CR und ihre Struktur ................. 61
A) „Wirklichkeit" im terminologischen Kontext des CR ..................... 61
B) „Realität" im terminologischen Kontext des CR ............................. 64
C) „Lebenswelt" im terminologischen Kontext des CR ....................... 68
3. Resümee: die Drei-Welten-Ontologie im CR als methodologische
   Grundlage der ET ............................................................................. 74

IV. Reflexives Handlungsverständnis als zentrales Thema der ET:
die erkenntnistheoretische Problematik mit Mikrowelten im CR......... 81

1. Ubiquitäre Formen und Weisen des Umgangs mit Mikrowelten...................... 84
A) Intra-Mikroweltlichkeit: Mikrowelten applizieren ......................................... 84
B) Inter-Mikroweltlichkeit: Mikrowelten untereinander .................................... 85
2. Methodische versus metaphysische Verbindlichkeit im
mikroweltlichen Kontext................................................................................. 91
3. Handlungserkenntnis der mikroweltlichen Erkenntnishandlung: von
der instrumentellen zur reflexiven Erkenntnis ............................................... 96
4. Auf dem Weg zu einem reflexiven Handlungsverständnis............................ 104


V. Zum Erkenntnis-Ziel der ET: Anleitung zur methodischen
Selbstreflexion für wissenschaftlich Handelnde im CR...................... 109

1. Handlungserkenntnis der mikroweltlichen Erkenntnishandlung
durch Veränderung der Perspektive ............................................................. 110
2. Theater des Wunderns: „Verfremdung" im dramaturgischen Programm
bei Bertolt Brecht ......................................................................................... 112
3. Strangification: „Verfremdung" im wissenschaftstheoretischen Programm
der ET des CR .............................................................................................. 114
4. Zur charakteristischen Spezifik der methodischen Verfremdung.................. 117
5. Wissenschaftliche Handlungsfreiheit durch methodische Verfremdung ........ 120


VI. Die mikroweltenpluralistische Situation der Psychotherapie
als methodologisches Vorbild für eine neue Generation von
Wissenschaften.................................................................................. 127

1. Wissenschaftsstruktureller Spezialfall Psychotherapie................................. 128
2. Pluralismus und Heterogenität als Wegweiser für die Wissenschaft.............. 130

# Einleitung

Nach wie vor finden im gesamten euro-amerikanischen Kulturraum die altbekannten Dispute und Streitgespräche statt zwischen Repräsentanten naturwissenschaftlicher Disziplinen einerseits und Vertretern geisteswissenschaftlicher Richtungen andererseits. Auf deutschsprachigem Terrain besonders aktuell und brisant sind die erst kürzlich wieder aufgeflammten intensiven Auseinandersetzungen um das Thema der menschlichen Willensfreiheit. Mit den neuesten Ergebnissen der technisch hochentwickelten Hirnforschung bestens ausgerüstet, ziehen dabei Neurowissenschaftler und Kognitionsforscher in die Schlacht gegen Philosophen, Sozial- und Kulturwissenschaftler, die ihre erkenntnistheoretischen, wissenschaftssoziologischen und kulturhistorischen Argumentationswaffen freilich schon längst mit scharfer Munition geladen haben. Wieder einmal mehr sind die Frontkämpfer der „Hard Sciences" felsenfest davon überzeugt, dass ihre naturgesetzmäßige Wahrheit des „Determinismus" letztendlich über die metaphysische Illusion vom „freien Willen" aus dem Lager der „Soft Sciences" triumphieren wird.(1)

An der traditionellen Idee von der „naturgesetzmäßigen Wahrheit" hält übrigens auch eine andere naturwissenschaftliche Domäne scheinbar unbeirrt fest, wenn sie sich auf die Suche nach „Ursprung und Ende des Universums" begibt und „geschlossen und unaufhaltsam in Richtung ultimative Welterklärung" strebt. Die zeitgenössische Astrophysik und die moderne Kosmologie orientieren sich nämlich an forschungsleitenden Begriffen objektivistischer Art, wie z.B. „Grand Unified Theory" oder „Theory of Everything" und sind tatsächlich hochmotiviert, mit rigoros „szientistischer" Methodologie wissenschaftliche Fortschritte bei der Umsetzung ihres „Weltformel-Erkenntnisprogramms" zu erzielen, um schließlich universalen Einblick in die Gesamtheit allen Seins inklusive der menschlichen Existenz gewinnen zu können.(2)

Gewiss könnte man jetzt Unmengen von „empirischen" Befunden, Belegen und Hinweisen zusammentragen, die den Eindruck nur noch zusätzlich verstärken würden, dass offenbar doch eine Vielzahl von kontemporären Naturwissenschaftlern in ihrem philosophischen Anspruch unverändert tief verwurzelt ist in der hochproblematischen Metaphysik einer objektiven Wirklichkeitserkenntnis. In diesem Sinne beunruhigt also nicht so sehr das Faktum, dass die sogenannten „exakten Wissenschaften" einmal mehr versuchen, das führungswissenschaftliche Ruder in der Öffentlichkeit provokant an sich zu reißen, vielmehr irritiert hier – und zwar in rein epistemologischer Hinsicht - allein die Möglichkeit dieser Feststellung selbst: dass sie es nämlich überhaupt noch intendieren!

Es gibt wohl allen Grund zur Verwunderung, wenn gerade jene naturwissenschaftlichen Forschungsfelder, die heute für unser kulturelles Leben so bedeutsam sind, weiterhin ein althergebrachtes und unter vielerlei Aspekten bedenkliches wissenschaftliches Selbstverständnis praktizieren, so als hätte es in dieser Sache während der letzten fünfzig Jahre nicht schon genügend konstruktive Wissenschaftskritik gegeben.

Trotz der Ausbildung, der Ausarbeitung, der steten Weiterentwicklung und Ausdifferenzierung wissenschaftskritischen Denkens, vornehmlich konstruktivistischer Provenienz, in der gesamten westlichen Kulturwelt seit der zweiten Hälfte des 20. Jahrhunderts, ist also das erkenntnistheoretische und wissenschaftsphilosophische Selbstbild in weiten Bereichen des naturwissenschaftlichen Universums überraschenderweise der problematischen Metaphysik des sogenannten „naiven Realismus" treu geblieben. Freilich vielfach unausgesprochen, aber dennoch unverändert wirksam erweist sich im Forschungshandeln somit das Ideal von der erkenntnisbezogenen Approximation an die Wahrheit der objektiven Wirklichkeit. Gewissermaßen vor dem Hintergrund dieser latent präsenten Überzeugung von der Wirklichkeitsbeschreibung, konnte sich aber auch der rein pragmatische Blick auf den funktionierenden Werkzeugcharakter von Wissenschaft entwickeln und durchsetzen, sodass heute der klassische „objektivistische" Anspruch der modernen „instrumentalistischen" Wissenschaftsauffassung im Selbstverständnis naturwissenschaftlich Handelnder de facto gegenübersteht und damit – in erster Linie für Naturwissenschaftler selbst – eine zutiefst verwirrende und unklare Situation stiftet.

Hier ist also nichts dringender vonnöten als eine Wissenschaftstheorie, die kompetent genug erscheint, um dem wissenschaftlich Handelnden bei der Lösung selbstverständnisbezogener Irritationen und Unsicherheiten tatsächlich behilflich sein zu können. Von der traditionellen Wissenschaftsphilosophie kann man in dieser Hinsicht jedenfalls nichts erwarten und sogar die mittlerweile auch schon „klassischen" Systeme des Konstruktivismus können diesbezüglich nichts Konkretes bieten.

Es gibt allerdings eine relativ junge Richtung, die sich heute als eigenständiger Ansatz in der wissenschaftstheoretischen Landschaft erfolgreich positioniert, und die, auf konstruktivistischen Prinzipien aufbauend, ein vielversprechendes epistemologisches Konzept vorlegen kann. Dem sogenannten „Konstruktiven Realismus" (Constructive Realism / CR) ist nämlich der Entwurf einer adäquaten Technik gelungen, durch deren Anwendung wissenschaftlich Handelnde entsprechende Übersichtlichkeit und Überschaubarkeit über ihr spezifisches Vorgehen im eigenen disziplinären Forschungs- und Praxisfeld nachweislich befriedigend erzielen können.

Gerade aber mit seinem besonderen Angebot einer Erkenntnisstrategie, die sich auf problematische und unzulängliche Selbstverständnisweisen im Wissenschaftshandeln bezieht und hierbei Wege aufzuzeigen vermag, die zu erfolgreicher Selbstreflexion führen, löst sich jetzt der CR eigentlich von seiner genuin wissenschaftsphilosophischen Herkunft. Emanzipiert von traditionellen wissenschaftstheoretischen Ansprüchen, vollzieht die angewandte Erkenntnistheorie des CR automatisch die längst notwendig gewordene Transformation von der herkömmlichen Wissenschaftsphilosophie in die zeitgenössische „Wissenschaftstherapie". Mit seinem Projekt eines ganz speziellen epistemologischen Heilverfahrens („Epistemologische Therapie" / ET) für Wissenschaftler, die de facto an akuter Reflexions-Insuffizienz leiden, modifiziert der CR wissenschaftstheoretischen Usus effektiv in eine Art „erkenntnistheoretische Medizin". Das konstruktivrealistische Gesundungsprogramm konzentriert sich dabei auf den „Handlungsaspekt" und bietet dem fragenden Wissenschaftler professionelle Unterstützung beim Aufbau von Verständigungsbrücken zwischen wissenschaftlichen Handlungsformen im konkreten disziplinären Forschungsterrain und der lebensweltlichen Handlungsgrundlage aus dem soziokulturellen Voraussetzungskontext.

Max Webers Begriff von der „Entzauberung der Welt" wird im konstruktivrealistischen Unternehmen also konsequent weitergedacht und mit Blick auf die dominierende Ausprägung des aktuellen Selbstverständnisses naturwissenschaftlicher Disziplinen epistemologisch gewendet zum programmatischen Imperativ nach einer „Entzauberung der naturwissenschaftlichen Welt". Genau hier setzt jetzt die „Therapie der Wissenschaft" an und spezifiziert dabei ihren Plan zur Heilung tragischer Selbstdeutungsprozesse folgendermaßen (Definition):

> Epistemologische Therapie (ET) im konstruktiv-realistischen Kontext ist die spezielle Form einer nondirektiven Praxisberatung im Bereich des wissenschaftlichen Handelns mit dem Ziel der Entwicklung adäquater Selbstreflexions-Kompetenz bei wissenschaftlich Handelnden zur Förderung von Argumentationsvielfalt und kreativer Handlungsfreiheit im disziplinären Forschungs- und Anwendungsfeld.

Vom Begründer des CR selbst, dem Wiener Wissenschaftstheoretiker Fritz G. Wallner, gibt es natürlich zahlreiche Schriften, Abhandlungen und Bücher zum konstruktiv-realistischen Gedankengut. Viele dieser Texte und Werke wurden im Laufe der letzten zehn Jahre in mehrere Sprachen übersetzt (sogar ins Arabische und ins Chinesische) und haben weltweit große Beachtung und Aufnahme gefunden. So genial die Entwicklung der konstruktiv-realistischen Konzeption ihrem Erfinder Fritz Wallner zweifellos auch gelungen ist, so schwer lässt sich dieser Ansatz aber in den bereits existierenden Darstellungen insgesamt überblicken. Der Großteil der bisher vorliegenden Publikationen über den CR ist nämlich überwiegend essayistisch strukturiert und zeigt insofern einen ausgesprochen fragmentarischen Charakter. Was also bislang fehlt, aber bereits seit langem dringend benötigt wird, ist daher der Versuch, Wallners epistemologischen Zugang in Form einer systematischen Abhandlung übersichtlich zu strukturieren und überschaubar zu gestalten, um nicht zuletzt auch das ungeheure wissenschaftsstrukturelle Reformpotential, das seine alternative Unternehmung impliziert, durch Herausarbeitung der methodologischen Spezifik, deutlich sichtbar machen zu können.

Ganz in diesem Sinne hat sich der Autor der vorliegenden Abhandlung deshalb zum Ziel gesetzt, durch die Entwicklung einer systematischen Inhaltsstruktur und den Entwurf einer speziellen Architektonik ein effizientes Text-Konzept anzubieten, das einen optimalen Einblick in die spezifische Methodologie des CR gewährt. Auf diese Weise ist schließlich ein Einführungstext entstanden, der Intention und Methodik, d.h. Fragestellung, Erkenntnisinteresse, Zielsetzung und Verfahrensweise des CR in verständlicher Art übersichtlich darstellt und dabei die aktuelle Relevanz dieses speziellen Ansatzes für die gegenwärtige wissenschaftliche Praxis klar aufzeigt. Da sich diese Einführungsschrift in erster Linie an Studierende sämtlicher (akademischer und außeruniversitärer) Disziplinen und Studienfächer richtet, verfügt sie freilich auch über einen Lehrbuchcharakter.

Die inhaltliche Gliederung des konstruktiv-realistischen Vorstellungsprojekts in sechs gesonderte Schritte hat sich in unterrichtspraktischer Hinsicht bereits während der letzten fünf Jahre an der Universität Wien bestens bewährt. Im Zuge seiner dementsprechend gestalteten interdisziplinären Einübungsseminare in die Intentionen des CR erhielt der Autor nämlich ausreichend studentisches Feedback und konnte so die nötigen didaktischen Erfahrungen sammeln, die nun gewissermaßen auch als Bausteine die konzeptuelle Grundlage der vorliegenden Lektüre bilden. Somit weist die Inhaltsstruktur sechs Hauptkapitel auf, wobei jedes einzelne davon wiederum in mehrere Unterkapitel untergliedert ist:

(I.) Das erste Hauptkapitel zeigt die Aktualität der hochproblematischen Selbstdeutungspraxis von Wissenschaft auf und macht damit den dringenden Bedarf an einer epistemologischen Therapie (ET) nachvollziehbar.
(II.) Im zweiten Hauptkapitel wird aus der konstruktiv-realistischen Interpretation von wissenschaftlichem Handeln die spezifische handlungstheoretische Frage der ET abgeleitet.
(III.) Hauptkapitel Nummer drei führt, indem es die methodologische Grundlage der ET expliziert, in die ontologische Sprache des CR ein, die sich für die Entwicklung adäquater Antwortmöglichkeiten auf die handlungstheoretische Frage als unumgänglich erweist.
(IV.) Das vierte Hauptkapitel fokussiert die eigentliche Problematik des handlungsreflexiven Wissenschaftsverständnisses.
(V.) Im fünften Hauptkapitel wird das Erkenntnis-Ziel der ET ins Visier genommen und die Theorie der konstruktiv-realistischen Reflexionspraxis spezifiziert.
(VI.) Schließlich diskutiert das sechste Hauptkapitel die wissenschaftsstrukturelle Sonderstellung der Disziplin Psychotherapie und interpretiert ihren paradigmenpluralistischen Status quo als Exempel für eine „gesunde" Form der Wissenschaftlichkeit.

Die charakteristische Spezifik der didaktischen Struktur liegt jetzt aber vor allem in der zeitgemäßen formalen Gestaltung des Buches: grafische Darstellungen, die sich um bestmögliche Veranschaulichung der abstrakten Konzepte und Modelle bemühen, werden kombiniert mit cartoonistischen Abbildungen, die komplexe theoretische Zusammenhänge in humoristische Kontexte übersetzen und damit unter dem rezeptionstechnisch bewährten Motto „keep smiling, learn easier" stehen.

Allein die faktische Loslösung von der traditionellen Wissenschaftsphilosophie und die Substitution herkömmlichen wissenschaftstheoretischen Wirkens durch die epistemologisch-therapeutische Praxis zeigen, dass der CR den wesentlichen wissenschaftsimmanenten Bildungs- und Selbstbildungsaspekt tatsächlich ernst nimmt. In diesem Sinne versteht der CR Wissenschaft eben grundsätzlich als „ein sich selbst organisierendes Wissen" und orientiert sein stringentes Handeln an der Maxime von der emanzipatorischen Funktion selbstreflexiver Aktivitäten, denn er weiß: nur über erfolgreiche Förderung eines adäquaten Handlungsselbstverständnisses können wissenschaftliche Akteure ihre kreativen Tätigkeitsspielräume wirklich erweitern und somit auch optimale Entfaltungsfreiheit in ihrer Forschungs- und Anwendungspraxis gewinnen.

*Anmerkungen:*

(1) Vgl. Geyer, Christian (Hrsg.): Hirnforschung und Willensfreiheit. Suhrkamp Verlag, Frankfurt a.M. 2004

(2) Vgl. Seife, Charles: Die Suche nach Anfang und Ende des Kosmos. Berlin Verlag, Berlin 2004

# I. Zur Notwendigkeit einer Therapie für wissenschaftliches Handeln: die Ausgangslage des CR

Struktur des 1. Hauptkapitels

1. Weltformel-Manie: ein problematisches Selbstverständnis der Wissenschaft
   - Der Plan Gottes oder was die Welt im Innersten zusammenhält
   - Asymptotische Approximation und Theoriegetränktheit
   - Paradigma und Kontextgebundenheit
   - Ready Made World und beobachterfreie Beobachtung
   - Universelle Erkenntnis von der Welt im Ganzen

2. Das Quantensprungdilemma: man kommt nicht über die Erfahrungswelt hinaus
   - Rationale Weltstruktur als Fiktion
   - Subjektzentrierter Blick

3. Der Objekt-Methode-Zirkel: Reziprozität von Forschungsgegenstand und Untersuchungsmethode
   - Vorwissenschaftliche Gegenstandskenntnis
   - Forschungsobjekt und Sprachspiel

4. Instrumentalistische Depression: gefährliche Konsequenz aus dem Selbstverständnisdefizit der Wissenschaft
   - Daten sammeln und transformieren
   - Idealisieren versus Interpretieren
   - Handlungsanleitungen und Reflexionsinsuffizienz
   - Hermeneutische Orientierungshilfen versus normative Rezepturen
   - Depression durch Regression in den puren Instrumentalismus
   - Destruktion des intellektuellen Potentials als Krise der Wissenschaft

5. Fazit: Epistemologische Therapie als gebotene Medikation bei Weltformel-Manie und instrumentalistischer Depression
   - Rettung vor der Einbahnstraße ins Niemandsland

...exklusiv für Weltformel-Forscher!

## 1. Weltformel-Manie: ein problematisches Selbstverständnis der Wissenschaft

Auf dem riesigen Terrain der modernen Naturwissenschaften sind vor allem in den disziplinären Spezialbereichen des physikalischen Sektors Begriffe wie „Grand Unified Theory", „Theory of Everything" oder „Weltformel" innerhalb weniger Jahrzehnte äußerst populär geworden. Zahlreiche Experten und Fachleute auf diesen Gebieten sprechen darüber hinaus oft von „göttlicher Masse" und „göttlichen Teilchen", und es scheint, als würden sie das selbst nicht ausschließlich im metaphorischen Sinne verstehen.

### *Der Plan Gottes oder was die Welt im Innersten zusammenhält*

Der britische Kosmologe Stephen Hawking etwa ist sicher einer jener prominenten Physiker, die schon seit längerer Zeit versuchen, jene „Gesetzmäßigkeiten" zu „enträtseln", nach denen das seit Jahrmilliarden dauernde Spiel im Universum abläuft. Hawking verfolgt mit seinem Vorhaben, die richtige „Beschreibung der Welt" zu entwickeln, keine geringere Intention, als den „Plan Gottes" zu rekonstruieren und zielt damit auf die „Entdeckung" der „Schöpfungswahrheit", die er selbst freilich nur für eine mathematische Formel hält.(1)

Der Cambridge-Star Hawking ist aber nicht der einzige Weltformel-Forscher. Auch andere hochkarätige Physiker der Weltspitze, wie das Princeton-Genie Edward Witten oder der Nobelpreisträger Steven Weinberg, suchen nach der „einen und einzigen Gleichung" - eben nach der „Theory of Everything" - deren Lösung die gesamte Welt beschreiben soll. Diese Wissenschaftler und viele ihrer nicht weniger begabten Kollegen aus Europa und den USA sind bei diesem Unternehmen fest davon überzeugt, dass die gesuchte Gleichung die „schönste aller denkbaren" sein werde, so schön, dass allein ihre „Schönheit der Beweis für ihre Wahrheit", konkreter für „die letzte, die endgültige Wahrheit" sei. Die zeitgenössische Zunft der kosmologischen Spitzenforscher geht hierbei davon aus, dass, wenn einst nur tief genug ins „Innerste der Materie" vorgedrungen werden könne, das „Urgesetz" zum Vorschein kommen werde, eine „Art mathematischer Tiegel", in dem alles „Dasein" zu einem „Ganzen" verschmilzt. Nach Ansicht der Astrophysiker könne die Physik sogar recht bald schon am Ende ihres großen Abenteuers angekommen sein. Wenn allerdings die entdeckte Formel - das gefundene „Urgesetz aller Natur" - in ihrem Erklärungswert nicht mit der „Wirklichkeit" übereinstimmen sollte, wüsste man freilich sofort, dass die Theorie falsch sei.(2)

Moderne Teilchenphysiker und Atomphysiker erforschen nach eigenem Verständnis also die „grundlegendsten Grundlagen" und erhoffen sich dadurch sowohl Zugang zu den „Bausteinen der Welt", als auch „Aufschlüsse über den Beginn allen Seins".

Erfolgreiche Forscher schätzen sich vor allem deshalb so glücklich, weil gerade ihnen „die Natur etwas zeigt, was sie bisher niemandem gezeigt hat", und auf diese Weise kämen sie eben in die Lage, „Wissen über die Schönheit der Natur" weiterzuvermitteln. Damit würden sie immerhin auch gleichzeitig einen wichtigen kulturellen Auftrag erfüllen.(3)

Wie viele seiner Fachkollegen, die gleichsam emsig an der „Beschreibung" des „fundamentalen Aufbaus aller Materie" arbeiten, blickt schließlich auch der junge Superstring-Theoretiker Brian Greene zuversichtlich in die – möglicherweise gar nicht mehr so ferne - Forschungszukunft und ist felsenfest davon überzeugt, dass man letztlich die „fundamentalen Bestandteile" und die „fundamentalen Gesetze" der „Wirklichkeit" entdecken wird. Seiner Meinung nach wird man also die „Grand Unified Theory" mit ziemlicher Sicherheit finden und die offensichtliche „Wahrheit" dieses basalen Wirklichkeitsprinzips auch daran erkennen können, dass jenes nämlich erst den „Nachweis" erbringt, „dass die Welt gar nicht anders sein kann, als sie ist".(4)

Obwohl die Auflistung empirischer Belege und Befunde für das heute noch dominanteste Selbstbild naturwissenschaftlichen Handelns beliebig verlängerbar ist, sollten diese wenigen Beispiele aus speziellen Feldern der zeitgenössischen Physik ausreichen um zu sehen, wo der offenbar überwiegende Status quo des „philosophischen Selbstverständnisses" bei kontemporären Atom- und Astrophysikern angesiedelt ist. Mit den gebräuchlichen Termini „Grand Unified Theory", „Theory of Everything" und „Weltformel" ist offensichtlich die Zielsetzung verbunden, mittels objektiver Beschreibungen ihrer Strukturen die fundamentalen Prinzipien der beobachterunabhängigen Wirklichkeit tatsächlich zu entdecken. In der Faustischen Frage, „was die Welt im Innersten zusammenhält", spiegelt sich somit der Wissenschafts- bzw. Erkenntnisanspruch zahlreicher moderner Teilchenforscher und Kosmologen. Traditionelle wissenschaftstheoretische Grundannahmen, die übrigens im gesamten naturwissenschaftlichen Universum nach wie vor weit verbreitet sind, leiten dabei die methodischen Umsetzungsversuche dieser Intentionen. In solchen - für akademisch-wissenschaftliches Handeln also durchaus üblichen – „Axiomen" werden unter anderem folgende normative Behauptungen postuliert: (a) „Wissenschaft prüft ihre Aussagen auf Übereinstimmung mit objektiven Sachverhalten" oder (b) „Wissenschaft ist grundsätzlich darum bemüht, kontextungebundene Informationen zu finden" oder etwa (c) „Wissenschaftler wissen sehr viel über kleine Ausschnitte der Wirklichkeit".(5)

Weltformel-Manie

*Asymptotische Approximation und Theoriegetränktheit*

Einem Wissenschafts-Selbstverständnis dieser Art liegt freilich die Ideologie von der absoluten und korrekten Weltbeschreibung zugrunde. Die Idee (a), dass Aussagen nur dann auch als wissenschaftliche gelten können, wenn sie nachweislich mit „objektiven Sachverhalten" übereinstimmen, gründet auf einer geistesgeschichtlich sehr alten Überlegung, die in ihrer antiken Form auf Aristoteles zurückgeht. In der Wissenschaftsphilosophie spricht man hier von der „Korrespondenztheorie" bzw. „Adäquationstheorie" der Wahrheit und weiß auch sehr wohl über ihre Tücken Bescheid. Im Verlauf des 20. Jahrhunderts erkannte man nämlich die unüberwindlichen Probleme, die mit dem Vorhaben einer Übereinstimmungs-Überprüfung von Theorie und Wirklichkeit tatsächlich verknüpft sind. Da man aber scheinbar nicht gewillt war, vom Weltbeschreibungs-Paradigma Abstand zu nehmen, entwickelte man eben Relativierungskonzepte und sprach nicht länger vom faktischen und positiven „Entdecken" der Wirklichkeit (z.B. via „Verifikation"), sondern vielmehr von der schrittweisen „Annäherung" an ihre objektive Wahrheit (z.B. via „Falsifikation"). Karl R. Popper entwarf dieses Konzept der „asymptotischen Approximation" und behauptete gleichzeitig, dass es keine theoriefreie Wirklichkeitserfahrung geben könne, dass also jede wissenschaftliche Beobachtungstätigkeit von vorneherein „theoriegetränkt" sei.(6)

Sieht man zunächst einmal davon ab, dass sich „Aussagen" und „Sachverhalte" auf völlig unterschiedlichen Seinsebenen befinden und niemand weiß, wie eine Übereinstimmung dieser beiden Seinsebenen auszusehen hat, ergibt sich das Hauptproblem einer derartigen Unternehmung vor allem durch die Frage, wie sich nun eine Theorie (Aussage) mit einer theorieexternen (objektiven Sachverhalten) und zugleich theoriegetränkten (bzw. theoriegeladenen) Wirklichkeit vergleichen lassen soll, denn es ist problematisch, von einer „Adäquation" (Deckungsgleichheit) zwischen Theorie und Wirklichkeit auszugehen, wenn die Wirklichkeit ohnehin nur als theoriegetränkt gedacht werden kann. Diese Kritik formulierten bereits Hugo Dingler und Willard Van Orman Quine, aber auch Paul K. Feyerabend und Klaus Holzkamp problematisieren ein diesbezügliches Vorgehen. Feyerabend macht außerdem darauf aufmerksam, dass eine Approximation an eine „objektive", d.h. „beobachterunabhängige" und so gesehen auch „unbekannte" Wahrheit insofern schon gar nicht möglich wäre, weil man sich an etwas per se Unbekanntes eben nicht einmal annähern könne – woran auch, wenn man nicht weiß woran.(7)

*Paradigma und Kontextgebundenheit*

Tief verwurzelt in diesem problematisch-tragischen Zusammenhang ist auch jene Auffassung (b), wonach Wissenschaft grundsätzlich darum bemüht sei, „kontextungebundene Informationen zu finden". Vielmehr entpuppte sich die überlieferte Intention der kontextungebundenen Informationssuche als sehr alter Wunschtraum des abendländischen Menschen, der in der wissenschaftlichen Handlungsrealität bisher allerdings nie befriedigend eingelöst werden konnte. Im 20. Jahrhundert machte erstmals in großem Umfang Thomas S. Kuhn mit seinen wissenschaftshistorischen Studien darauf aufmerksam, dass Wissenschaftler und Forscher immer nur kontextgebunden innerhalb wissenschaftskultureller Rahmenbedingungen konkreter Wissenschaftlersozietäten arbeiteten. Faktisch waren also Forschungsaktivitäten stets eingebettet in einen komplexen Zusammenhang von speziellen theoretischen Grundannahmen, Vorüberzeugungen und Gegenstandsperspektiven, von speziellen Interessen, Zwecken und Zielvorgaben und von speziellen Strategien, Methodologien und Verfahrensweisen – und daran hat sich bis heute nicht das Geringste geändert. Kuhn subsumiert diesen Komplex an (überwiegend unbewussten bzw. unverstandenen) Vorbedingungen, Voraussetzungen und Vorannahmen im Begriff „Paradigma".(8)

Im modernen wissenschaftlichen Alltag der meisten Forschungsdisziplinen ist ja seit langem offensichtlich, dass komplett unterschiedliche und miteinander unvereinbare Paradigmen nebeneinander existieren und verschiedenartige Paradigmen in weiterer Konsequenz freilich auch zu verschiedenartigen wissenschaftlichen Produkten führen, sodass völlig unklar bleibt, wie dabei noch das Aufstöbern von „kontextungebundenen Informationen" gelingen soll.

*Ready Made World und beobachterfreie Beobachtung*

Nimmt man nun Poppers Theorie von der Theoriegetränktheit jeglicher Wirklichkeitserfahrung ernst und berücksichtigt Kuhns Nachweis von der faktischen Kontextgebundenheit wissenschaftlicher Handlungen, stellt sich die berechtigte Frage, wie dann noch Wissenschaftler „sehr viel über kleine Ausschnitte der Wirklichkeit" wissen können. Obwohl er in dieser Behauptung (c) plakativ hingeworfen und nicht weiter definiert wurde, kann man ohne weiteres davon ausgehen, dass der hier verwendete Wirklichkeitsbegriff die beobachterunabhängige Welt der „Objektivität" voll im Visier hat. Die hier gemeinte „Wirklichkeit" zielt durchaus auf die „eine", „einzige" und „homogene" Welt mit ihren „unumstößlichen" Naturgesetzen, zielt also auf die „objektive" Welt, so wie sie faktisch eben „vorgegeben" ist und zielt somit auf die – von Nelson Goodman(9) so bezeichnete – „Ready Made World", die systematisch mithilfe der „Grand Unified Theory" vorläufig zwar noch ausschnittweise, in Zukunft aber immer präziser erkannt werden könne.

Die vielen kleinen wissenschaftlich erkannten Wirklichkeitsausschnitte – so könnte man jetzt dieser Auffassung gemäß folgern - ergeben in ihrer Gesamtheit irgendwann von selbst ein komplettes und vollständiges Bild der vorstrukturierten

Außenwelt-Wirklichkeit, weisen also automatisch schon in die Richtung einer „Theory of Everything", mit der sich schließlich auch die richtige „Weltformel" früher oder später entdecken lässt.

Ein derartiger philosophischer Anspruch im kontemporären naturwissenschaftlichen Denken ist generell enorm, aber als wissenschaftstheoretisches Selbstverständnis verblüfft es natürlich umso mehr, wenn es gerade im Kontext modernen physikalischen Handelns sichtbar wird. Immerhin hat bereits mit der Entwicklung der Quantentheorie selbst das Argument der „Unumgänglichkeit des Beobachtens" in die physikalischen Disziplinen offiziell Eingang gefunden, und die Formulierung, dass „Objektivität" de facto nichts anderes sei als „die Wahnvorstellung, Beobachtungen könnten ohne Beobachter gemacht werden", stammt bekanntlich ebenso aus den Reihen der Physik.(10)

Zugegeben: geliebt hat man das Faktum der Erkenntnisrelativität in weiten Bereichen der gesamten naturwissenschaftlichen Welt freilich nie, da es ja der traditionellen Ideologie heftigst widersprach, wonach der subjektive Faktor „Mensch" (der wissenschaftlich Handelnde) aus der Forschungsaktivität (der wissenschaftlichen Handlung) unbedingt ausgeschlossen werden müsse.

*Universelle Erkenntnis von der Welt im Ganzen*

Der klassisch-europäische Glaube, Wissenschaft könne und würde die vorgegebene Wirklichkeit objektiv beschreiben, repräsentiert offenbar doch ein erstaunlich hartnäckiges und äußerst widerstandsfähiges Ideal mit höchst problematischen epistemologischen Implikationen. Jedenfalls führt dieser naturwissenschaftliche Glaube an die Möglichkeit einer „Grand Unified Theory" zu jener immer noch weit verbreiteten Ideologie von interdisziplinärer Forschung, die nach einer „allgemeineren Erkenntnis" strebt und somit als „universalisierende Interdisziplinarität" bezeichnet werden kann. Von einer solchen interdisziplinären Vorgangsweise erhoffen sich Naturwissenschaftler letztlich eine fächerübergreifende, universelle Erkenntnis von der Welt im Ganzen. Die Entdeckung der „Weltformel" dürfte tatsächlich das Hauptmotiv der Faszination interdisziplinären Forschens darstellen – ganz nach dem Motto: Erst wenn man einen allumfassenden Zugang zur Welt gewinnt, indem man die einzelwissenschaftlichen Disziplinen überschreitet, kann man korrekterweise auch von echter Erkenntnis reden.(11)

Das ist jedenfalls das Credo des „einheitswissenschaftlichen" Programms. Allerdings liegt das Paradoxon jeder Form von Einheitswissenschaft in dem Tatbestand, dass in diesen Konzeptionen stets antizipiert wird, was Wissen bzw. Wissenschaft ist, bevor überhaupt noch etwas gewusst werden kann.

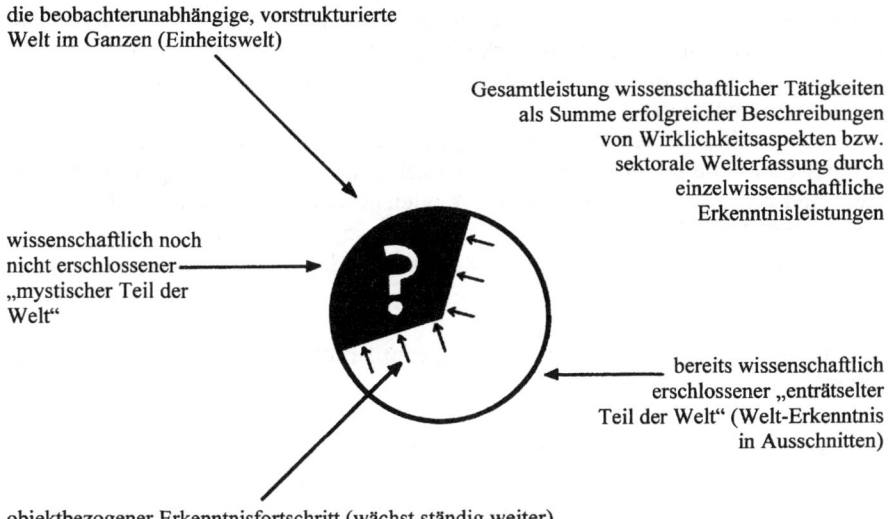

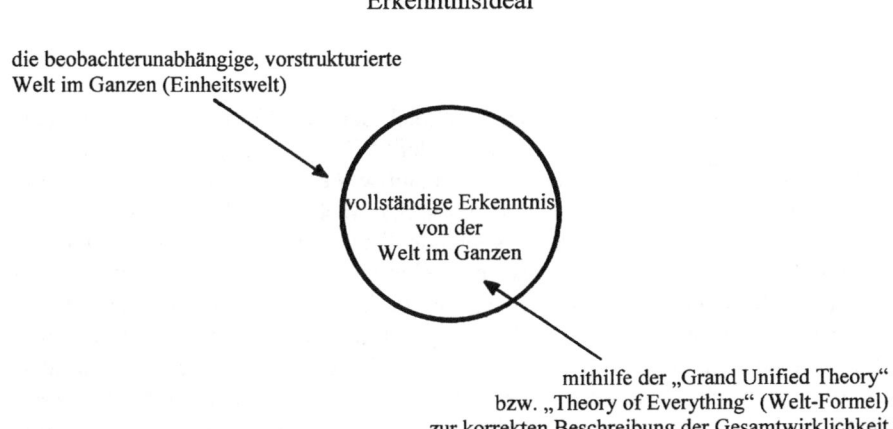

Grafik: Faktische Erkenntnis und Erkenntnisideal im Selbstverständnis einheitswissenschaftlicher Programme: Einheitswissen von der Einheitswelt durch universalisierende Interdisziplinarität

Was soll mit diesem gigantischen Vorhaben letztlich aber tatsächlich gewonnen werden? Worauf zielt die Naturwissenschaft eigentlich, wenn sie ernsthaft meint, durch Fächerüberschreitung bzw. durch Interdisziplinarität könne überhaupt erst echte und wahre d.h. universelle Erkenntnis gelingen? Wonach strebt eine Wissenschaft wirklich, die ihr diesbezüglich orientiertes Handeln dementsprechend interpretiert und deutet?

Eventuell möchte sie etwas kompensieren, was nicht zuletzt im 20. Jahrhundert durch die rapide Entwicklung einzelwissenschaftlicher Segmentierungen mehr und mehr verloren gegangen ist. Vielleicht möchte sie etwas wiederherstellen, was mittlerweile weder Religion, noch Philosophie zu leisten vermögen. Vielleicht geht es ihr um so etwas wie die Renaissance der „Einheit des Ganzen".

## 2. Das Quantensprungdilemma: man kommt nicht über die Erfahrungswelt hinaus

Untersucht man nun als „Weltformel-Forscher" die „göttliche Masse" und jongliert dabei mit „göttlichen Teilchen", um den „Plan Gottes" möglichst bald enträtseln zu können, hat man vermutlich schon zu lange in die starke Strahlung der gigantomanischen Sonne geblickt und ist fortan narzisstisch geblendet, sodass man gar nicht mehr sieht, dass man nicht sieht, was man nicht sieht.

*Rationale Weltstruktur als Fiktion*

Allein wenn man im physikalischen Großreich der „Weltformel-Forschung" plakativ und eindeutig von „der" Welt bzw. „der" Wirklichkeit spricht, von der man noch dazu – wenn zunächst auch nur ausschnittweise – etwas wissen könne, setzt man ja stillschweigend schon voraus, dass eine Welt (bzw. Wirklichkeit) per se existiert und dass diese per se existierende Welt (bzw. Wirklichkeit) eine bestimmte Struktur, notwendigerweise sogar eine rationale Struktur hat, um sie wissenschaftlich-systematisch erschließen, um von ihr Wissen erlangen oder um sich zumindest schrittweise ihrer Wahrheit „asymptotisch approximieren" zu können. Die Frage danach, ob es eine „Welt per se" überhaupt gibt oder nicht, ist eine sehr alte philosophische Grundfrage. Man muss hier zunächst einmal klar sehen, dass die tatsächliche Existenz einer hypothetischen „Welt an sich" philosophisch natürlich nicht bewiesen werden kann. Andererseits aber, da es auch keinen begründeten Zweifel an der Existenz einer solchen Welt gibt, ist es durchaus sinnvoll davon auszugehen, dass eine solche Welt, in und mit der wir leben, sehr wohl existiert.(12)

Das eigentliche Problem liegt hier vielmehr in der unreflektierten Annahme, diese Welt hätte eine vorgegebene rationale Struktur, über die wir zwar erst ausschnittweise Bescheid wüssten, die wir aber früher oder später vollständig „entdecken" könnten. Gerade diese Annahme ist nicht nur eine höchst problematische und zutiefst theologisch inspirierte Fiktion, sie ist vor allem für wissenschaftliche Intentionen darüber hinaus auch absolut müßig: sie ist nämlich unnötig und überflüssig und damit entbehrlich.

Diese unglaublich fantastische Annahme ist entbehrlich, weil sie nicht überprüfbar ist und außerdem auch nicht einmal überprüfbar zu sein braucht, solange man „bloß" wissenschaftliche Zwecke verfolgt. Blickt man etwas genauer auf den tatsächlichen Praxisvollzug wissenschaftlicher Handlungen, wird man wohl zur Überzeugung gelangen, dass kein einziger Naturwissenschaftler, nicht einmal der ambitionierteste Superstring-Physiker, den „ontologischen Quantensprung" aus seiner wissenschaftlich konstruierten Erfahrungswelt heraus in die metaphysische Seins-Welt hinein schafft.(13)

*Subjektzentrierter Blick*

Auf diesen Sachverhalt deutet nicht nur die Theorie der Theoriegetränktheit von Beobachtungen hin, er wird auch sichtbar im Hinweis auf die Kontextabhängigkeit wissenschaftlicher Aktivitäten und gipfelt schließlich in der Überlegung vom „subjektzentrierten Blick", der den subjektiven Akt der Erkenntnishandlung (das Beobachten des Beobachters) bedenkt und ebendiesen bei der Beurteilung des objektivierten Erkenntnisresultats gerade nicht ausblendet, sondern umso mehr berücksichtigt. Es ist nämlich ein gewaltiger Irrtum zu meinen, man könnte von den spezifischen Wirklichkeitserfahrungen, die man als Wissenschaftler macht, die individuelle „Tätigkeit des Erfahrens", also die persönliche Erfahrungshandlung einfach abziehen und würde somit automatisch der Wirklichkeit an sich (der „Welt per se") erkenntnismäßig gegenüberstehen bzw. dieser zumindest immer näher kommen (asymptotische Approximation).

$$\boxed{WE - E = W} \quad = \text{ falsche Formel!}$$

WE: Wirklichkeitserfahrung
E: Erfahrungshandlung
W: objektive Wirklichkeit

Es ist ein Irrtum zu glauben, man könnte sich aus dem Prozess, den man selbst verursacht (WE), einfach hinausschmuggeln (-E) und würde dabei auch noch etwas großartiges gewinnen (W).

Darstellung zum Quantensprungdilemma

Quantensprungdilemma

Vielmehr machen auch Naturwissenschaftler immer nur methodisch geleitete und kontrollierte Wirklichkeitserfahrungen „für sich", die sie freilich intersubjektiv rational argumentieren und vermitteln müssen. Dabei können sie aber niemals etwas Positives, Strukturbezogenes über die hypothetische „Welt an sich" aussagen, eben weil der „ontologische Quantensprung" in diese Welt aus prinzipiellen Gründen nicht funktionieren kann. Man kommt einfach nicht über die Erfahrungswelt hinaus. Als Wissenschaftler kann man aber auch auf die Annahme durchaus verzichten, die per se existierende Wirklichkeit wäre auf eine ganz besondere und definitive Weise vorgegebenen, d.h. auf rationale Art vorstrukturiert. Es reicht vollkommen, wenn man als Forscher seine spezifische Erfahrungswelt soweit funktional organisiert und „viabel" konstruiert, um im Umgang mit seinen Erfahrungen in Bezug auf die intendierten Ziele und Zwecke einigermaßen erfolgreich sein zu können.(14)

## 3. Der Objekt-Methode-Zirkel: Reziprozität von Forschungsgegenstand und Untersuchungsmethode

Wissenschaftliche Handlungsvollzüge im paradigmenspezifischen Rahmen eines rational argumentierbaren Erfahrungswelt-Kontextes verlaufen stets in einem zirkulär strukturierten Prozess. Die spezifische Relation, die sich dabei zwischen Forschungsgegenstand und Untersuchungsmethode ergibt, kann man als „Objekt-Methode-Zirkel" bezeichnen, und das bedeutet, dass Gegenstand und Methode der Wissenschaft in einer wechselseitigen Bezugnahme, d.h. in einer unauflösbaren Interdependenz stehen.

*Vorwissenschaftliche Gegenstandskenntnis*

Aus der Überzeugung bzw. aus der Vorstellung, die man von der Struktur eines bestimmten Forschungsobjekts hat, entwickeln sich nämlich bestimmte Überzeugungen über die adäquate Forschungsmethode zur Untersuchung eben dieser Objektstruktur, was nichts anderes heißt, als dass bereits vor der wissenschaftlichen Erforschung des Gegenstandes eine Einsicht in den Gegenstand der Wissenschaft existiert. Man muss also schon vor der Forschungsaktivität das Objekt, das man untersuchen möchte, kennen, um diese Handlung überhaupt entsprechend vernünftig durchführen zu können. Daraus lässt sich nun ableiten, dass die strukturelle Spezifik und Qualität einer Wissenschaft immer von der vorwissenschaftlichen Gegenstandskenntnis abhängt. Die reziproke Problematik des methodischen Vorgehens in der Wissenschaft zeigt sich im Umstand, dass man, um die „rationalste" Methode wählen zu können, bereits das zu untersuchende Objekt kennen müsste, um dieses aber erkennen zu können, ein adäquates Verfahren zur Erforschung benötigte.

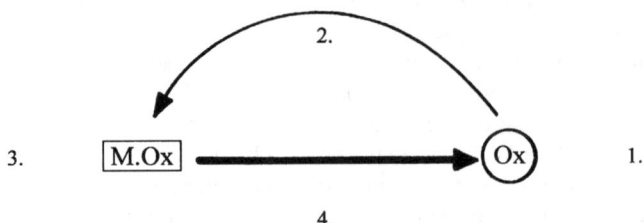

Ox: Vorwegüberzeugung von der Struktur
eines bestimmten Forschungsobjekts
(vorwissenschaftliche Gegenstandskenntnis)
bzw. ein bestimmtes Forschungsobjekt
M.Ox: adäquate Untersuchungsmethode zur
Erforschung der Objektstruktur von Ox

Grafik: Objekt-Methode-Zirkel

*Forschungsobjekt und Sprachspiel*

Betrachtet man die Grundlagen jeglicher Form von Wissenschaft, wird man auf diesen typischen Zirkel stoßen. Freilich ist auch jegliche Form von Forschungsbetrieb am Verschweigen des Objekt-Methode-Zirkels interessiert und zwar in zweifacher Hinsicht: Man verschweigt nämlich nicht nur, dass die gewählten Methoden durchaus keine „legitimierten", sondern in forschungstraditionelle Zusammenhänge eingebettete historisch gewachsene Entscheidungen sind; man verschweigt darüber hinaus auch, dass über das Objekt der Forschung eigentlich niemand so richtig bescheid weiß, eben weil es erst im Kontext des Forschungsprozesses festgelegt, d.h. strukturiert und konstruiert wird.(15)
Natürlich fokussiert der Objekt-Methode-Zirkel ein Phänomen, mit dem sich auch Philosophen und andere Wissenschaftstheoretiker bereits beschäftigt haben. Zum Beispiel berührt Ludwig Wittgenstein diese Thematik in seiner „Sprachspieltheorie". Seine diesbezüglichen Überlegungen besagen im wesentlichen ja auch, dass ein von einer bestimmten Gruppe verwendetes „Sprachspiel" die Welt, die Wirklichkeit etc. in einem bestimmten Sinn begrifflich strukturiert; dass also Welt (oder Wirklichkeit etc.), die wissenschaftlich erkannt werden soll, stets innerhalb eines kommunikativen Rahmens einer bestimmten scientific community erst kon-

sensuell strukturiert bzw. terminologisch konstruiert wird. Welt (oder Wirklichkeit etc.) ist für Wittgenstein immer nur in einem spezifischen Kontext definiert und determiniert und folglich von einem spezifischen Kontext abhängig.(16)

Objekt-Methode-Zirkel

## 4. Instrumentalistische Depression: gefährliche Konsequenz aus dem Selbstverständnisdefizit der Wissenschaft

Es ist eine paradoxe Situation: Trotz zahlreicher philosophischer und epistemologischer Einwände wie z.B. die hier nur kurz angedeuteten Überlegungen zur „Theoriegetränktheit", zur „Kontextgebundenheit", zur „Unumgänglichkeit des Beobachtens", zum „subjektzentrierten Blick", zum „Quantensprungdilemma" oder zum „Objekt-Methode-Zirkel" – vermitteln prominente Vertreter physikalischer Spezialforschungsfelder der Gegenwart zumindest den Eindruck, als würden sie tatsächlich glauben, mit ihren elaborierten methodischen Möglichkeiten den deskriptiven Königsweg zur objektiven Wirklichkeit gefunden zu haben. Offenbar halten eben doch viele Naturwissenschaftler immer noch am Anspruch fest, die „Welt an sich" beschreiben zu können.

*Daten sammeln und transformieren*

Seltsam nur, dass die alltägliche Routinearbeit im zeitgenössischen naturwissenschaftlichen Betrieb weniger mit „Beschreibung der Wirklichkeit" zu tun hat, als vielmehr mit Vorgängen zusammenhängt wie: Daten unter Einsatz hochkomplexer technischer Apparaturen sammeln, diese nach bestimmten Formeln bearbeiten und neuerlich transformieren etc. Eine interpretative Bezugnahme auf „die Wirklichkeit" erfolgt erst nach verschiedenen Verarbeitungsprozessen durch den Computer und ist stets belastet mit dem unvermeidlichen Faktum der Datenmanipulation, die nicht zuletzt auch im Zusammenhang mit der schier unüberschaubaren Datenmenge steht. Der wirkliche Arbeitsalltag des „working scientist" im Laboratorium sieht also im Allgemeinen so aus, dass er im Dienste eines Systems steht, das ihm ein logisches Instrumentarium zur Verfügung stellt und experimentelle Daten liefert, womit er dann Produkte herstellt, die publiziert werden können.(17)

*Idealisieren versus Interpretieren*

Tatsächlich liefert der Forschungsprozess ein anderes Bild. Die Selbstinterpretation wissenschaftlich Handelnder ist in erster Linie deshalb irreführend, weil sie zumeist nicht darauf Bezug nimmt, was faktisch getan wird, sondern auf die Idealisierung der eigenen Tätigkeit zielt. Deshalb ist es ist zwar noch keineswegs uninteressant, was Wissenschaftler in der Wissenschaft über die Wissenschaft sagen, allerdings haben diese Aussagen nicht dieselbe Legitimation wie die einzelwissenschaftlichen Handlungsvollzüge. Die professionelle Ausübung solider wissenschaftlicher Handlungen funktioniert nämlich nur auf der Basis von gut eingelernten und erfolgreich erprobten methodischen Schritten. Sprechen Wissenschaftler aber über ihre Disziplin und beurteilen sie diese, begeben sie sich damit bereits auf ein disziplinfremdes, d.h. fachexternes Terrain, mit dem sie in der Regel nicht vertrauter sind als Außenstehende und greifen dabei freilich auch des öfteren auf problematische Argumentationsweisen zurück. Ironisch könnte man behaupten: Während die einen philosophische Bedenken ignorieren und über den disziplinären Alltag hinwegsehen um zu idealisieren, stecken die anderen in der Forschungsroutine fest und ersticken im Datensumpf.

Instrumentalistische Depression

Diese Metapher erscheint jedenfalls nicht unangebracht. Man muss sich nur klar machen, dass in vielen Disziplinen durch die immer stärkeren Aufspaltungen auf dem Gebiet der Theorieentwicklung und im Bereich der Laboratorienarbeit automatisch auch die Möglichkeiten des einzelnen Wissenschaftlers zunehmend geringer geworden sind, die eigene Forschungsarbeit aus dem disziplinären Gesamthorizont heraus zu verstehen. Schließlich wirken sich solche Veränderungen auch auf den Bedeutungswandel innerhalb der Theoriebildung aus. Theoretische Systeme haben heute überwiegend die Rolle von Handlungsanleitungen übernommen und damit aber ihren Anspruch als Kristallisationspunkte der Natureinsicht weitgehend verloren.(18)

*Handlungsanleitungen und Reflexionsinsuffizienz*

Der einzelne Wissenschaftler befolgt Handlungsanleitungen und dient damit einem System, er kann aber nicht verständlich sagen, was er de facto macht, wenn er spezifische wissenschaftliche Aktivitäten setzt. Versucht er nämlich seine Tätigkeiten vor anderen oder vor sich selbst mit argumentativer Unterstützung von Termini Technici (z.B. Atom, Molekül etc.) interpretativ darzustellen, verschleiert er tatsächlich mehr, als er klärt. Spricht man etwa mit Physikern über ihre Arbeit, so kann man immer wieder die erstaunliche Erfahrung machen, wie schwer es ihnen wirklich fällt, wenn sie ihre Handlungsvollzüge und Handlungsresultate in lebensweltlicher Normalsprache ausdrücken sollen. Übrigens war eine solche unbehagliche Situation eines Interpretationsdefizits bzw. Selbstreflexionsmankos wissenschaftlich Handelnder wesentlicher Hintergrund für den Entwurf und die Konzeption des CR im letzten Jahrzehnt des 20. Jahrhunderts. Damals benötigte man am Wiener Institut für Interdisziplinäre Forschung und Fortbildung dringend eine entsprechende Methodologie, um für „geistig heimatlos gewordene" Wissenschaftler grundsätzliche Orientierungen zu entwickeln. Man erhoffte sich, durch Anwendung spezifischer Strategien fundamentale Deutungs-Wegweiser für jene Wissenschaftler erarbeiten zu können, die ehrlich zugeben, dass sie frustriert sind, weil sie eigentlich nicht wirklich wissen, was sie tun, wenn sie gerade dabei sind, „Wissen" zu „schaffen".(19)

*Hermeneutische Orientierungshilfen versus normative Rezepturen*

Um dem Wissenschaftlerbedürfnis nach Handlungs-Selbsterkenntnis nun entgegenzukommen, wurde im CR also ein theoretisches System konzipiert, durch dessen Anwendung Wissenschaftler und Forscher selbst ihre speziellen Aktivitäten und Tätigkeiten effektiver verstehen lernen können – und zwar jenseits der hochproblematischen Ideologie von der objektiven Weltbeschreibung.

Nach wie vor erwarten sich viele Naturwissenschaftler von Wissenschaftstheorie und Epistemologie in erster Linie auch Orientierungshilfen grundlegender Art. Nur interessieren sie sich heute kaum mehr für die Angebote, die von den „analytischen" Bezirken der Wissenschaftstheorie immer noch offeriert werden. Sie fragen deshalb nicht nach logischen Strukturen oder normativen Rezepturen für ihr Handeln, weil sie sehr wohl selbst dazu in der Lage sind, ihr technisches Tun funktional zu organisieren und zu legitimieren. Hier geht es vielmehr um das Anliegen, einen verstehenden, interpretativen und deutenden, d.h. also „hermeneutischen" Zugang zum eigenen Handeln zu gewinnen, um schließlich den Prozess und die Produkte dieses Handelns auch kontextuell sinnvoll einordnen zu können.

Wenn hochkarätige Naturwissenschaftler das Zustandekommen ihrer produzierten Satzsysteme auf Tagungen nur mehr ihren Fachkollegen vermitteln, d.h. ein formales System in einer formalen Sprache zwar blendend kommunizieren können, darüber hinaus aber nicht mehr in der Lage sind, diese Systeme in andere „Sprachspiele" zu übertragen, dann ist das als Warnsignal für das intellektuelle Anspruchsniveau der westlichen Wissenschaft zu deuten.

*Depression durch Regression in den puren Instrumentalismus*

Eine solche Entwicklung muss vor allem von der Wissenschaftstheorie wahrgenommen und entsprechend interpretiert werden. Hier zeigt sich nämlich eine gefährliche Tendenz, die man als „Regression in den puren Instrumentalismus" definieren kann und die der Wissenschaft – früher oder später – selbst erheblich zu schaffen machen wird.(20)

Wer allerdings meint, die Unterscheidung zwischen „reiner Wissenschaft" (Einsichtsaspekt) und „angewandter Wissenschaft" (Technikaspekt) sei von vorneherein wertlos, da die Wissenschaft ohnehin nur der Verbesserung unserer Lebensverhältnisse dienen könne, weshalb sie auch primär technologisch verstanden werden müsse, der kann das Alarmsignal nicht hören. Wenn man Zweck und Wert von Wissenschaft ausschließlich darauf reduziert, dass sie Flugzeuge fliegen, Autos fahren, Computer rechnen, TV-Geräte flimmern, Mobiltelefone vibrieren etc. etc. lässt, so missachtet man gleichzeitig den traditionellen und genuin europäischen Erkenntnisanspruch der westlichen Wissenschaft. Nicht zuletzt aufgrund der aufgezeigten Reflexions-Insuffizienz bzw. des enormen Selbstverständnis-Defizits neigen tatsächlich auch viele Akteure in der naturwissenschaftlichen Praxis zum verhängnisvollen Sprung in diesen epistemologischen Abgrund und landen schließlich in der tiefen Schlucht der „instrumentalistischen Depression".

*Destruktion des intellektuellen Potentials als Krise der Wissenschaft*

Die Bedrohung, die entsteht, wenn sich der Anspruch auf Erkenntnis in der Wissenschaft auflöst, wird im Umstand erblickt, dass Erkenntnis dann letztlich zu einer äußerst beliebigen und eventuell unseriösen Angelegenheit mit potentiell schwerwiegenden politischen und sozialen Auswirkungen verkommt. Das Erkenntnisbedürfnis des Menschen – so darf vermutet werden – bleibt nämlich sehr wohl bestehen, und wenn es die Wissenschaftskultur nicht mehr zu befriedigen vermag, so werden sich eben andere Instanzen darum bemühen. Nur lässt sich nicht abschätzen, wohin das führen wird. Genau in diesem Sachverhalt verortet der CR die eigentliche „Krise der Wissenschaft", weshalb im programmatischen Zentrum jeder kontemporären Form von Wissenschaftstheorie und Epistemologie das Bestreben stehen muss, unter Berücksichtigung des Wissens um die Unhaltbarkeit traditioneller Erkenntnisangebote einen erfolgreichen Weg ausfindig zu machen, auf dem Wissenschaft zu Erkenntnis führt. Nur wenn es gelingt, der „totalen Instrumentalisierung der Welt" und damit der sukzessiven Destruktion des intellektuellen Potentials westlicher Wissenschaft entgegenzusteuern, wird es gelingen, die gefährliche Paradoxie zu überwinden, dass die Wissenschaft heute einerseits so einflussreich auf unseren Alltag und auf unsere Lebenswelt ausstrahlt, dabei aber gleichzeitig ihr öffentliches Ansehen und ihre soziale Kompetenz mehr und mehr zu verlieren droht.(21)


5. Fazit: Epistemologische Therapie als gebotene Medikation bei Weltformel-Manie und instrumentalistischer Depression

Im Sprachspielkontext eines erkenntnistheoretisch gewendeten bzw. epistemologisch verfremdeten Verständnisses von „Medizin" lässt sich resümierend formulieren: Weltformel-manische und instrumentalistisch-depressive Wissenschaftler und Forscher leiden an einem Syndrom, dass letztlich kontraproduktiv auf ihr eigenes wissenschaftliches Handeln rückwirkt. Immerhin unterminiert diese selbstreflexionsbezogene Erkenntnis-Krankheit die traditionelle Einsichts- und Erkenntnisfunktion der Handlungsform des „Wissen-Schaffens" im klassisch europäischen Sinne von Wissenschaft und löst damit schließlich auch die implizite Bildungs- und Selbstbildungsperspektive des wissenschaftlichen Prozesses radikal auf. Das ist sehr schmerzhaft und verursacht erhebliches Leid.

Epistemologische Medikation

*Rettung vor der Einbahnstraße ins Niemandsland*

Der kosmologische Weltformel-Forscher, der zielstrebig und konsequent seiner Idee einer „Grand Unified Theory" bzw. „Theory of Everything" hinterher jagt, leidet nämlich – früher oder später – am Symptom seiner egozentrischen Ignoranz. Wenn er nicht bereit ist, das Fahrtempo auf seiner selbstverständnisbezogenen Einbahnstraße zu verlangsamen, um zumindest kurzfristig den Blick auch einmal in Richtung Straßenschilder mit epistemologischen Warnhinweisen wenden zu können, wird er wohl oder übel auf die erkenntnistheoretische Sackgasse zusteuern, wo er letztendlich auch gegen die selbstgebastelte Wand seiner spezifischen Eindimensionalität donnern muss.

Aber auch der in seinem handlungsbezogenen Selbstverständnis zutiefst verunsicherte und ratlose „working scientist" leidet, der im intellektuellen Niemandsland seines Forschungsalltags umherirrend, ausschließlich von sauren Früchten vom Baum der Handlungsanleitungen lebend darauf achten muss, von heimtückischen Datenlawinen nicht erfasst zu werden. Ist er nämlich nicht vorsichtig genug, wird er von diesen Datenlawinen mitgerissen ins eiskalte Tal des puren Instrumentalismus, wo er schließlich nur mehr erfrieren kann.

Zusammenfassend wird die dringende Notwendigkeit eines auf die Genesung pathologischer Selbstreflexionsprozesse gerichteten Heilverfahrens für wissenschaftliches Handeln - begrifflich gefasst im Terminus „Epistemologische Therapie" - also im Umstand erkannt, dass die für den kulturellen Status quo der modernen westlichen Welt hochgradig bedeutsame Domäne der Naturwissenschaften in einer akuten Krise steckt. Wie schlüssig aufgezeigt werden konnte, manifestiert sich dabei die schwere Krankheit in zweifacher Weise: 1. im Sichtbarwerden eines althergebrachten und traditionell fundierten, dabei aber epistemologisch höchstproblematischen Selbstverständnisses von Wissenschaft (= Weltformel-Manie) und 2. in der Feststellung eines massiven Selbstverständnisdefizits, das immer mehr in die instrumentalistische Wissenschaftsauffassung abzugleiten und damit den klassisch-europäischen Erkenntnisbegriff über Bord zu werfen droht (= instrumentalistische Depression). Die Epistemologische Therapie des CR kann nun als spezielle Form einer erkenntnistheoretischen Gesundungsmethode bei der Bewältigung der Weltformel-manischen und instrumentalistisch-depressiven Wissenschaftskrankheit behilflich sein.

*Anmerkungen:*

(1) Vgl. Hawking, Stephen: Einsteins Traum. Rowohlt, Reinbek bei Hamburg 1993; derselbe: Die illustrierte Kurze Geschichte der Zeit. Rowohlt, Reinbek bei Hamburg 1996; derselbe: Das Universum in der Nussschale. Deutscher

Taschenbuch Verlag, Hamburg 2001; derselbe: Eine kurze Geschichte der Zeit. Rowohlt, Reinbek bei Hamburg 2004

(2) Vgl. Der Spiegel, 30 / 1999, S. 182 – 194

(3) Vgl. Barrow, John D.: Das 1 x 1 des Universums. Neue Erkenntnisse über die Naturkonstanten. Campus Verlag, Frankfurt / New York 2004; Seife, Charles: Die Suche nach Anfang und Ende des Kosmos. Berlin Verlag, Berlin 2004; Danielsson, Ulf: Physik für Poeten. Ullstein Verlag, Berlin 2004

(4) Vgl. Greene, Brian: Das elegante Universum. Superstrings, verborgene Dimensionen und die Suche nach der Weltformel. Berliner Taschenbuch Verlag, Berlin 2003; derselbe: Der Stoff, aus dem der Kosmos ist. Siedler Verlag, München 2004

(5) Vgl. Greiner, K.; Wallner F. (Hrsg.): Konstruktion und Erziehung. Zum Verhältnis von konstruktivistischem Denken und pädagogischen Intentionen. Verlag Dr. Kovac, Hamburg 2003.

(6) Vgl. Popper, Karl R.: Ausgangspunkte. Meine intellektuelle Entwicklung. Hamburg 1979

(7) Vgl. Feyerabend, Paul K.: Irrwege der Vernunft. Suhrkamp, Frankfurt am Main 1989

(8) Vgl. Kuhn, Thomas S.: Die Struktur wissenschaftlicher Revolutionen. Suhrkamp, Frankfurt am Main 1969

(9) Vgl. Goodman, Nelson: Weisen der Welterzeugung. Suhrkamp, Frankfurt am Main 1998

(10) Vgl. Foerster, Heinz v.: Wissen und Gewissen. Versuch einer Brücke. Suhrkamp, Frankfurt am Main 1997

(11) Vgl. Wallner, Fritz: Acht Vorlesungen über den Konstruktiven Realismus. WUV Universitätsverlag, Wien 1992

(12) Vgl. Wallner, Fritz: Die Verwandlung der Wissenschaft. Vorlesungen zur Jahrtausendwende. Verlag Dr. Kovac, Hamburg 2002

(13) Vgl. Greiner, K.; Wallner F. (Hrsg.): Konstruktion und Erziehung. Zum Verhältnis von konstruktivistischem Denken und pädagogischen Intentionen. Verlag Dr. Kovac, Hamburg 2003.

(14) Vgl. Glasersfeld, Ernst v.: Radikaler Konstruktivismus. Ideen, Ergebnisse, Probleme. Suhrkamp, Frankfurt am Main 1998

(15) Vgl. Wallner, Fritz: Acht Vorlesungen über den Konstruktiven Realismus. WUV Universitätsverlag, Wien 1992

(16) Vgl. Wallner, Fritz: Wissenschaft in Reflexion. Braumüller, Wien 1992

(17) Vgl. Wallner, Fritz: Acht Vorlesungen über den Konstruktiven Realismus. WUV Universitätsverlag, Wien 1992

(18) Vgl. Wallner, Fritz: Acht Vorlesungen über den Konstruktiven Realismus. WUV Universitätsverlag, Wien 1992

(19) Vgl. Wallner, Fritz; Agnese, Barbara (Hrsg.): Von der Einheit des Wissens zur Vielfalt der Wissensformen. Erkenntnis in Philosophie, Wissenschaft und Kunst. Braumüller, Wien 1997

(20) Vgl. Wallner, Fritz: Die Verwandlung der Wissenschaft. Vorlesungen zur Jahrtausendwende. Verlag Dr. Kovac, Hamburg 2002

(21) Vgl. Wallner, Fritz: Die Verwandlung der Wissenschaft. Vorlesungen zur Jahrtausendwende. Verlag Dr. Kovac, Hamburg 2002

## Ergänzende Erläuterungen zum OBJEKT-METHODE-ZIRKEL:
## die Struktur der problematischen Voraussetzung wissenschaftlichen Handelns

S = Forschungs-Subjekt    M = Forschungs-Methode    O = Forschungs-Objekt

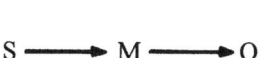   

Die Feststellung von S, M sei die adäquate Forschungs-Methode zur Untersuchung von O, setzt voraus, dass S bereits Kenntnisse von der Objektstruktur besitzen muss.

Dass S aber Kenntnisse von der Objektstruktur besitzt, setzt wiederum voraus, dass S bereits über die adäquate Forschungs-Methode M zur Untersuchung von O verfügen muss.

Die Einsicht in diesen problematischen und unvermeidlichen Voraussetzungszirkel im Forschungshandeln macht deutlich, dass die Gegenstände der wissenschaftlichen Erkenntnis nicht „entdeckt", sondern „erfunden" werden – oder anders formuliert: wissenschaftliche Arbeit hat mit „Konstruktion von Welten", aber nichts mit der „Beschreibung der Wirklichkeit" zu tun.

## II. Zur handlungstheoretischen Frage der ET: die Konsequenz aus dem Zirkelproblem im CR

Struktur des 2. Hauptkapitels

1. Was tun Wissenschaftler eigentlich, wenn sie gerade dabei sind, Wissen zu schaffen?

   - Zunächst: Wissenschaftler schaffen Wissen!
   - Viabilität statt Isomorphie
   - Gangbarkeit zwischen Schranken und Hindernissen

2. Von der Deskription zur Konstruktion

   - Die Metapher vom blinden Waldläufer
   - Viable Handlung als erkenntniskonstituierendes Phänomen
   - Reflexive Erkenntnis vom „Wissen ohne Erkenntnis"

3. Wissenschaftliche Handlung als Weltenkonstruktion

   - Das Unbehagen am Konstruktivismus

Was tun Wissenschaftler eigentlich…?

1. Was tun Wissenschaftler eigentlich, wenn sie gerade dabei sind, Wissen zu schaffen?

Die Epistemologische Therapie (ET) als spezielles Konzept einer wissenschaftstheoretischen Medikation des CR kann in Form einer nondirektiven Praxisberatung im Bereich des wissenschaftlichen Handelns bei der „Heilung" der aufgezeigten selbstverständnisbezogenen Wissenschaftskrankheit kompetente Unterstützung anbieten.

*Zunächst: Wissenschaftler schaffen Wissen!*

Jenseits traditioneller wissenschaftsphilosophischer Kategorien wie „Deskriptivität" oder „Normativität" entwickelt die ET hermeneutische Ambitionen und orientiert sich bei ihrer Serviceleistungs-Unternehmung von vorneherein nicht an irgendwelchen philosophischen „Aprioris". Vielmehr hat die ET im CR die methodologische Pointe, dass sie – im Unterschied zu anderen epistemologischen Ansätzen – prinzipiell davon ausgeht, dass Wissenschaftler tatsächlich Wissen schaffen; d.h. sie rechnet immer schon mit der professionellen Qualifikation des „working scientist" und mit der Professionalität seiner spezifischen Handlungsvollzüge und Handlungsresultate. Oder anders gesagt: die ET stellt das „Funktionieren" der Wissenschaft (Funktionalitätsaspekt) keineswegs infrage, sie möchte bloß dabei behilflich sein, die spezifischen Produktionen und Produkte der Wissenschaft für ihre Produzenten selbst „überblickbar" und „zuordenbar", d.h. auch dem Sinn nach „verstehbar" zu machen.(1)

Nur auf diese Weise kann der wissenschaftlich Handelnde nämlich davor bewahrt werden, entweder durch krankhafte Fixierung auf das Faktum der technischen Verwertbarkeit in die instrumentalistische Depression abzugleiten oder aber durch surreal-hypertrophe Selbstansprüche dem Weltformel-Wahn anheim zu fallen. Somit lautet die zentrale handlungstheoretische Frage der ET im CR: was tun Wissenschaftler eigentlich, wenn sie gerade dabei sind, Wissen zu schaffen?

*Viabilität statt Isomorphie*

Nimmt man die Zirkelstruktur der Objekt-Methode-Relation ernst und berücksichtigt sie beim Versuch diese Frage zu beantworten, ist zunächst klar, dass sich der Prozess des „Wissenschaffens" freilich nicht auf die Erkenntnis der ontischen Struktur des Forschungsobjekts, d.h. auf den Gegenstand per se richten kann, weil dieser ja erst durch den spezifischen Forschungsprozess selbst festgelegt wird.

Wie bereits dargelegt wurde, ist der ontologische Quantensprung zwar ein uraltes Desiderat in Philosophie und Wissenschaft, bleibt dabei aber reine Illusion, eben weil – worauf übrigens schon der Vorsokratiker Xenophanes von Kolophon aufmerksam machte – kein „Erkenntnisapparat" seine eigene Funktion von dem, was er erkennt, abziehen kann. Wenn man also davon ausgeht, Wissenschaftler würden – wenn sie gerade dabei sind, Wissen zu schaffen - der „objektiven Realität" erkenntnismäßig zumindest näherkommen, bleibt man in dieser prinzipiell unverwirklichbaren Quantensprung-Illusion stecken, weil man damit nämlich von der Wissenschaft die Produktion von Erkenntnisergebnissen erwartet, die das „Erkannte" in irgendeiner Beziehung so darstellen, wie es auch objektiv vorhanden ist. Aus fundamentalen epistemologischen Gründen ist aber genau das einfach unmöglich, weshalb bisher auch keine einzige Form von Wissenschaft diese Erwartung tatsächlich erfüllen konnte. Unter diesen Umständen erscheint es daher völlig unangebracht, von „Adäquation", „Korrespondenz" oder „Isomorphie" zu sprechen und die „Wahrheit" des Erkannten von einer Übereinstimmung abhängig zu machen, die sich auf keine Weise überprüfen lässt.

In diesem Sinne plädiert z.B. auch der „Radikale Konstruktivist" Ernst von Glasersfeld dafür, den traditionellen Begriff der Wahrheit doch endlich aufzugeben. Seiner Ansicht nach soll man den Wert der „Tatsachen" – also der vom Menschen hergestellten Sachen - nicht länger in einer hypothetischen, aber niemals nachweisbaren Übereinstimmung mit der ontischen Wirklichkeit zu messen versuchen, sondern viel näherliegend in der Wiederholbarkeit ihres Aufbaus und ihrer Brauchbarkeit. Im radikalen Unterschied zur herkömmlich Epistemologie, befragt man Ideen, Relationen, Modelle, Theorien und freilich auch Tatsachen und sogenannte Naturgesetze in Glasersfelds Ansatz also nicht mehr danach, ob sie im korrespondenztheoretischen Sinne „wahr" sind oder nicht, sondern lediglich danach, ob sie im Hinblick auf die Erreichung eines selbstgesetzten Ziels „funktionieren" oder nicht. Wenn sie funktionieren, so können sie in kontextueller Relation zur „Erlebenswelt" auch als „viabel", d.h. als „gangbar" betrachtet werden.(2)

Im Verständnis des Radikalen Konstruktivismus lässt sich der Begriff „Wahrheit" ausschließlich pragmatisch definieren. Freilich verweist dieses Wahrheitskonzept auf eine starke Affinität zum amerikanischen Pragmatismus, der bekanntlich darauf achtet, wie unsere Überzeugungen, Behauptungen etc. in unsere generelle Lebenspraxis integrierbar sind und diese Integrierbarkeit sodann als Kriterium für die Richtigkeit oder Falschheit bzw. für die Bedeutung oder Bedeutungslosigkeit unserer Urteile statuiert.(3)

Vom konzeptionellen Standpunkt der „Viabilität" aus beurteilt, sind somit diejenigen Ideen wahr, die sich bewähren. Hingegen sieht Glasersfeld keinen Grund anzunehmen, dass sich diese Aussage „auf die Welt" bezieht, wenn „Welt" die ontisch vorstrukturierte, beobachterunabhängige Wirklichkeit „an sich" bedeuten soll. Glasersfeld meint vielmehr, dass unsere erfahrungsbezogenen Aussagen stets von unserer Erlebenswelt abstrahiert werden, wobei diese Erlebenswelt (bzw. die Erfahrungswelt) keineswegs in einer Beziehung zu einer von ihr unabhängigen Realität steht, die sich als „experience of the world" beschreiben ließe. Der Radikale Konstruktivismus stimmt hier ganz mit Immanuel Kant überein, wenn dieser erklärt, dass sich zwar über die Gegenstände als Erscheinungen vieles sagen ließe, dass man jedoch niemals aber auch nur das Geringste von dem „Ding an sich selbst" wissen könne, das ebendiesen Erscheinungen zugrunde liegen möge.

*Gangbarkeit zwischen Schranken und Hindernissen*

Terminologisch gesehen, erweist sich das deutsche Wort „Gegenstand" in Glasersfelds Viabilitätskonzept als ganz besonders viabel, denn es bezieht sich auf ein „Etwas", das unserem Handeln und unserem Denken gewissermaßen „Schranken" oder „Hindernisse" in den Weg stellt. In Glasersfelds funktionalitätsbezogener Perspektive bedeutet Viabilität im Zusammenhang mit Ideen, Begriffen, Theorien und kognitiven Strukturen nicht mehr und nicht weniger, als dass das „Konstrukt", von dem man diese Gangbarkeit behauptet, in der bisherigen Erfahrung auf keine Hindernisse gestoßen ist und darum befriedigend funktioniert hat. Kurz gesagt: Unsere kognitiven und physischen Aktivitäten erweisen sich als viabel, wenn sie uns – metaphorisch ausgedrückt – „innerhalb der Schranken der ontischen Welt" zu dem Ziel führen, das wir uns gesetzt haben.

Im Hinblick auf die Thematik der Erkenntnisrelation zur (hypothetischen) „Welt an sich", bedeutet nun aber das „Scheitern" eines Konstrukts durchaus nicht, dass man da einen „Punkt der objektiven Realität" erreicht und erkannt hätte, sondern lediglich, dass man an eine Grenze der gegenwärtigen Erfahrungswelt gestoßen ist und so eine der stets unendlich vielen Möglichkeiten des Unwissens eliminiert hat. Selbst wenn man davon ausginge, man hätte damit die Wirklichkeit per se berührt, so könnte man diese Wirklichkeit doch nicht anders beschreiben als eben durch das Scheitern der eigenen Handlungsweise.(4)

## 2. Von der Deskription zur Konstruktion

Die epistemologische Pointe des Radikalen Konstruktivismus (der philosophisch gesehen eine Form des extremen Subjektivismus ist) zeigt sich also dort, wo dieser das althergebrachte, traditionelle Verhältnis zwischen der Welt der fassbaren Erlebnisse und der Welt der objektiven Wirklichkeit durch ein anderes begriffliches Verhältnis substituiert. Wo die geistesgeschichtliche Überlieferung bei der Aussagen-Wirklichkeits-Relation darauf fixiert war, auf Gleichförmigkeit, Korrespondenz und Adäquation zu achten, postuliert der Radikale Konstruktivismus die Beziehung der Viabilität und gründet diese Relation auf den Begriff des Passens im Sinne des Funktionierens. Glaserfeld verdeutlicht den radikalen Unterschied zwischen der alten objektivitätsorientierten „Isomorphie" und seiner eigenen funktionalitätsbezogenen „Viabilität" schließlich noch illustrativ mit der aufschlussreichen Metapher vom „blinden Waldläufer", die aufgrund ihrer didaktischen Relevanz – man könnte auch sagen, aufgrund ihrer diesbezüglichen Viabilität - hier auch vorgestellt werden soll.

*Die Metapher vom blinden Waldläufer*

„Ein blinder Wanderer, der den Fluss jenseits eines nicht allzu dichten Waldes erreichen möchte, kann zwischen den Bäumen viele Wege finden, die ihn an sein Ziel bringen. Selbst wenn er tausendmal liefe und alle die gewählten Wege in seinem Gedächtnis aufzeichnete, hätte er nicht ein Bild des Waldes, sondern ein Netz von Wegen, die zum gewünschten Ziel führen, eben weil sie die Bäume des Waldes erfolgreich vermeiden. Aus der Perspektive des Wanderers betrachtet, dessen einzige Erfahrung im Gehen und zeitweiligen Anstoßen besteht, wäre dieses Netz nicht mehr und nicht weniger als eine Darstellung der bisher verwirklichten Möglichkeiten, an den Fluss zu gelangen. Angenommen der Wald verändert sich nicht zu schnell, so zeigt das Netz dem Waldläufer, wo er laufen kann; doch von den Hindernissen, zwischen denen alle diese erfolgreichen Wege liegen, sagt es ihm nichts, als dass sie eben sein Laufen hier und dort behindert haben. In diesem Sinn ´passt´ das Netz in den ´wirklichen´ Wald, doch die Umwelt, die der blinde Wanderer erlebt, enthält weder Wald noch Bäume, wie ein außenstehender Beobachter sie sehen könnte. Sie besteht lediglich aus Schritten, die der Wanderer erfolgreich gemacht hat, und Schritten, die von Hindernissen vereitelt wurden."(5)

*Viable Handlung als erkenntniskonstituierendes Phänomen*

Mit der Viabilitätsidee des Radikalen Konstruktivismus korreliert nun gewissermaßen der „Handlungsaspekt" im CR. Auch der CR greift die Idee der Zirkularität von Forschungsprozessen auf, stellt sie explizit dar und berücksichtigt sie bei seiner Deutung des wissenschaftlichen Handelns. Der CR macht sozusagen aus der Not eine Tugend, indem er das zirkuläre Grundlagenphänomen als den eigentlichen Ausgangspunkt seiner epistemologisch-therapeutischen Überlegungen hinstellt, weshalb er bei der Betrachtung der Wissenschaft natürlich ebenso wenig vom Horizont des Gegenstandes ausgeht, sondern die Faktizität menschlicher Handlungsvollzüge fokussiert.

Die menschliche „Handlung" im konstruktiv-realistischen Verständnis muss sich in ihrer Bezugsetzung zur „Wirklichkeit" bewähren, um funktional als sinnvoll gelten zu können; d.h. sie hat sich als viabel zu erweisen, ohne dabei freilich eine deskriptive Leistung erbringen zu können. Damit wird auch im CR die Last der Argumentation von einem hypothetischen und ohnehin nie überprüfbaren Gegenüber des Menschen, nämlich der objektiven Welt genommen und die rein fiktive Annahme eines ontisch vorstrukturierten Gegenstandes, auf den sich Erkenntnis beziehen könne, fallengelassen. Der Gewinn dabei ist, dass man nur durch diese Voraussetzung überhaupt erst den Blick potentiell frei bekommen kann auf das, was im wissenschaftlichen Tun tatsächlich geschieht, wenn Wissenschaftler eben gerade dabei sind, Wissen zu schaffen.

Der zentrale Stellenwert der viablen Handlung als erkenntniskonstituierendes Phänomen wird dabei sowohl für den Bereich der Alltagswelt-Orientierung, als auch für die Domäne der wissenschaftlichen Welterkenntnis darin erkannt, dass eben erst durch eine solche überhaupt ein entsprechend sinnvolles „Bild der Welt" zustande kommen kann.

Die gleichsam subtile wie originelle Pointe im CR ist jetzt die, dass sein epistemologisch-therapeutisches Vorhaben darauf gerichtet ist, diese beiden Formen menschlichen Erkenntnishandelns zueinander in kontextuelle Relation zu bringen, gegeneinander abzugrenzen, im Detail voneinander zu unterscheiden etc. etc.(6)

Als Gedankengebäude bzw. Denkrichtung stellt jetzt der „Konstruktive Realismus" selbst die methodologische Grundlage für solche epistemologisch-therapeutischen Zielsetzungen dar. Als spezifische wissenschaftstheoretische Basis ist er dabei insofern „Realismus", als er sich auf die Erfahrungswelt des tatsächlich handelnden Menschen bezieht. Er untersucht diese Handlungen aber vor dem Horizont ihrer Bedingungen und Voraussetzungen, d.h. der CR ist insofern gleichzeitig auch „konstruktivistisch", als er die Ansicht vertritt, dass sich der Mensch das Leben, die Welt, die Gesellschaft etc. etc. nur dadurch verständlich machen kann, indem er quasi „experimentell" Handlungsmöglichkeiten auslotet. Man könnte auch sagen: der CR setzt eine Art „Probehandlung" als „Erkenntnismethode" voraus und substituiert so mit einer „indirekten" Auffassung von Erkenntnis die alte abendländische Hoffnung auf „direkte" Erkenntnis von „der" Welt. Die nutzlose Weltbeschreibungsideologie wird also auch im CR definitiv verabschiedet, um die Aufmerksamkeit vielmehr auf jene Analysen lenken zu können, die aufzuzeigen versuchen, was Wissenschaftler wirklich tun, wenn sie gerade dabei sind, Wissen zu schaffen. Das kann eben nur funktionieren, wenn danach gefragt wird, was bei spezifischen Handlungen als verbindlich vorausgesetzt werden muss, damit sie überhaupt stattfinden können.(7)

Von der Deskription zur Konstruktion

*Reflexive Erkenntnis vom „Wissen ohne Erkenntnis"*

Ein feiner Unterschied zwischen Glaserfelds Konstruktivismus und dem CR wird wohl am deutlichsten dort sichtbar, wo Glasersfeld im Hinblick auf sein spezielles Programm einer epistemologischen Kurskorrektur ausdrücklich von „Wissen ohne Erkenntnis"(8) spricht und damit einen „erkenntnisfreien" Begriff des Wissens zu proklamieren scheint, der mit einer Einsichtsfunktion offenbar nichts mehr zu tun hat. Gerade die Aufrechterhaltung des traditionellen Erkenntnis- und Einsichtsanspruchs von Wissenschaft ist aber das Hauptanliegen der konstruktiv-realistischen Bemühungen. Der CR ist ja mit seiner Konzeption einer „Epistemologischen Therapeutik" bestrebt, brauchbare Strategien und nützliche Verfahrensweisen bereitzustellen, damit adäquate Erkenntniszugänge für wissenschaftlich Handelnde möglich werden, um die potentielle Gefahr des instrumentalistischen Reduktionismus zu tilgen. Wenn man jetzt diesen zentralen Aspekt des CR hervorkehren möchte, erweist sich die Glasersfeldsche Formulierung aus konstruktiv-realistischer Perspektive freilich als ergänzungsbedürftig. Sie müsste dann etwa so lauten: „Reflexive Erkenntnis vom `Wissen ohne Erkenntnis´". In diesem Sinne interessiert sich die ET im CR bei der Untersuchung wissenschaftlicher Aktivitäten wesentlich für die Herausarbeitung, Aufdeckung und Sichtbarmachung der besonderen Qualität, der speziellen Art und Weise einer spezifischen - funktionierenden, gangbaren oder viablen - Handlungsweise im reziproken Prozess der Objekt-Methode-Relation.

## 3. Wissenschaftliche Handlung als Weltenkonstruktion

In einer grundlegenden Hinsicht sind sich aber wohl alle konstruktivistischen Wissenschaftstheorien einig. Wenn nämlich die Frage gestellt wird, was Wissenschaftler wirklich tun, wenn sie gerade dabei sind, Wissen zu schaffen, so kann eine sinnvolle Antwort nur jenseits traditioneller wahrheitstheoretischer Kriterien wie „Korrespondenz", „Adäquation", „Abbildung" oder „Isomorphie" liegen, weshalb diesbezügliche Vorstellungen zugunsten des „Konstruktionsgedankens" prinzipiell verworfen werden. In diesem Sinne zieht auch der CR die konstruktivistische Konsequenz aus dem Zirkelproblem und ist davon überzeugt, dass naturwissenschaftliche Arbeit ausschließlich konstruktiv, niemals aber deskriptiv ist, weil naturwissenschaftliche Arbeit keine „Beschreibung der Welt" liefert, sondern vielmehr mit „Konstruktion von Welten" zu tun hat.(9)

Weltenkonstruktion

*Das Unbehagen am Konstruktivismus*

Natürlich relativiert der Verweis auf die unvermeidliche „Zirkularität des Wissens" gleichzeitig auch den Wert und die zu unrecht zugesprochene Entscheidungsgewalt sogenannter „empirischer" Aussagen. Die konsequente Aufgabe der Vorstellung von Objektivität und Übereinstimmung des Wissens mit einer nicht direkt zugänglichen Wirklichkeit erzeugt automatisch ein gewisses Unbehagen, weil man dadurch jetzt auch in den exakten, präzisen und scheinbar so objektiven Naturwissenschaften – also den „Hard Sciences" – dazu gezwungen ist, sich der Relativität des produzierten Wissens bewusst zu werden und dies auch zuzugeben. Freilich wird man sich als nichtkonstruktivistischer Naturwissenschaftler nicht ganz wohl dabei fühlen, wenn man plötzlich zugeben muss, dass sich naturwissenschaftliche Sätze in deskriptiver Weise nicht länger auf „Naturvorgänge" beziehen, oder – wie Gregory Bateson in seinen „Metalogues" meint -, dass Begriffe wie „Instinkt" oder „Gravitation" eigentlich nichts erklären, weil sie „Erklärungsprinzipien" sind.(10)

Um nicht missverstanden zu werden bzw. um der möglicherweise aufkeimenden Irritation entgegenzuwirken, hat im nächsten Kapitel unbedingt eine terminologische Klarstellung zu erfolgen. Prinzipiell muss jede konstruktivistische Intention schon allein im eigenen Interesse darum bemüht sein, im Zuge ihrer radikalen Kritik an der traditionellen Wissenschaftsmetaphysik gleichzeitig einen alternativen ontologischen Bezugsrahmen offerieren zu können, in dessen Kontext Begriffe wie „Wissen" oder „Erkenntnis" - von klassischen ontologischen Ambitionen gereinigt - fortan sinnvoller, nützlicher und zweckmäßiger erscheinen. Insofern verlangt auch die spezifische Wissenschaftsinterpretation des CR den Entwurf einer heteromorphen Ontologie, die sich als brauchbare theoretische Grundlage für epistemologisch-therapeutische Unternehmungen eignet, und die damit als adäquate Basis dient, auf der Forscher und Wissenschaftler nun endlich konkret erörtern können, was sie denn wirklich definitiv schaffen, wenn sie gerade dabei sind, Wissen zu schaffen.

*Anmerkungen:*

(1) Vgl. Wallner, Fritz: Die Verwandlung der Wissenschaft. Vorlesungen zur Jahrtausendwende. Verlag Dr. Kovac, Hamburg 2002

(2) Vgl. Glasersfeld, Ernst v.: Radikaler Konstruktivismus. Ideen, Ergebnisse, Probleme. Suhrkamp, Frankfurt am Main 1998

(3) Vgl. James, William: Was ist Pragmatismus? Beltz Athenäum Verlag, Weinheim 1994

(4) Vgl. Peschl, Markus F.: Formen des Konstruktivismus in Diskussion. Materialien zu den ʹAcht Vorlesungen über den Konstruktiven Realismusʹ. WUV Universitätsverlag, Wien 1991

(5) Glasersfeld, Ernst v.: Konstruktion der Wirklichkeit und des Begriffs der Objektivität. In: Gumin, Heinz; Meier, Heinrich (Hrsg.): Einführung in den Konstruktivismus. Verlag Piper, München 1997

(6) Vgl. Wallner, Fritz: Konstruktion der Realität. Von Wittgenstein zum Konstruktiven Realismus. WUV Universitätsverlag, Wien 1992

(7) Vgl. Wallner, Fritz: Acht Vorlesungen über den Konstruktiven Realismus. WUV Universitätsverlag, Wien 1992

(8) Vgl. Glasersfeld, Ernst v.: Wissen ohne Erkenntnis. In: Peschl, Markus F. (Ed.): Formen des Konstruktivismus in Diskussion. Materialien zu den ʹAcht Vorlesungen über den Konstruktiven Realismusʹ. WUV Universitätsverlag, Wien 1991

(9) Vgl. Wallner, Fritz; Agnese, Barbara (Hrsg.): Von der Einheit des Wissens zur Vielfalt der Wissensformen. Erkenntnis in Philosophie, Wissenschaft und Kunst. Braumüller, Wien 1997

(10) Vgl. Bateson, Gregory: Steps to an Ecology of Mind. Ballantine, New York 1972

# III. Zur methodologischen Struktur der ET: die ontologische Terminologie im CR

Struktur des 3. Hauptkapitels

1. Vom klassischen Subjekt-Objekt-Modell zur Drei-Welten-Ontologie im CR

   - Objektivistische Illusion
   - Ontologische Differenzierung als Erkenntnisvoraussetzung

2. Die ontologische Terminologie im CR und ihre Struktur

A) „Wirklichkeit" im terminologischen Kontext des CR
   - Gegenstand ohne Eigenschaften
   - Vorhandene Welt als erkenntnisirrelevante Konstruktionsbedingung

B) „Realität" im terminologischen Kontext des CR
   - Die „Mikrowelten" der „Realität" im CR
   - Pluralismus heteromorpher Artefakte

C) „Lebenswelt" im terminologischen Kontext des CR
   - Kulturspezifisch viable Überzeugungen und Regeln
   - Zur Relation zwischen „Lebenswelt" und „Realität"
   - Zum Verhältnis von „Realität" und „Wirklichkeit": die Substitutionsfunktion der „Mikrowelten" im CR
   - Wo „Mikrowelten" sind, ist „Wirklichkeit" nicht mehr

3. Resümee: die Drei-Welten-Ontologie im CR als methodologische Grundlage der ET

   - „Mikrowelten" unter die epistemologische Lupe nehmen!

# 1. Vom klassischen Subjekt-Objekt-Modell zur Drei-Welten-Ontologie im CR

Die ET im CR sieht ihre genuine Funktion in einer epistemologischen Serviceleistung an die Wissenschaft und ist aufgrund ihrer pragmatischen Zielsetzung wesentlich darum bemüht, adäquates „Handwerkszeug" anzubieten, das Wissenschaftler in die Lage versetzt, sich in ihren wissenschaftlichen Handlungsweisen sinnvoll reflektieren zu können. Somit ist die ET bestrebt, effektive Gestaltungshinweise zum besseren Selbst- und Fremdverständnis der Wissenschaft zur Verfügung zu stellen, weshalb man sie pointiert auch als „Anleitung zum verstehenden Umgang mit Wissenschaft" bezeichnen könnte.

Gewissermaßen in den „wissenschaftstheoretischen Raum" hinein stellt die ET jetzt die handlungstheoretische Frage, was Wissenschaftler eigentlich tun, wenn sie gerade dabei sind, Wissen zu schaffen und geht zunächst einmal davon aus, dass Wissenschaftler tatsächlich Wissen schaffen. Nur macht sie dabei die (viable) interpretative Feststellung, dass das geschaffene Wissen einerseits zwar gangbare und funktionierende Handlungsmöglichkeiten in Form von Satzsystemen darstellt, welche sich durch technische Verwertbarkeit legitimieren und sich insofern instrumentell als nützlich erweisen, dass dieses Wissen andererseits aber mit der objektiven Beschreibung der Wirklichkeit nicht das Geringste zu tun hat, sondern vielmehr als „Weltenkonstruktion" zu verstehen ist, die prinzipiell im kontextuellen Erfahrungsrahmen der reziproken Objekt-Methode-Relation vollzogen wird, aus dem heraus eben kein noch so hoher „Quantensprung" in die metaphysische Welt des Ontischen hinein gelingen kann.

*Objektivistische Illusion*

Berechtigterweise stellen sich nun Fragen folgender Art: Wenn nicht in deskriptiver Hinsicht, in welcher Beziehung stehen diese „konstruierten" Welten zu der „wirklichen" Welt, in der wir alle existieren? Wie soll man sich überhaupt diesen Konstruktionsprozess von „Welten" im disziplinären Kontext des institutionalisierten Wissenschaftsbetriebs vorstellen? Und auf welche Weise hängt dieser Vorgang eigentlich mit unserem alltäglichen Leben zusammen?

Der plakative Begriff „Weltenkonstruktion" ist freilich erläuterungsbedürftig und muss daher unbedingt in seinem Anwendungszusammenhang rekonstruiert, d.h. hinsichtlich der eigenen zirkulären Strukturierung im Kontext seiner Rahmenbedingungen spezifiziert werden, wenn er auch entsprechend verstanden werden soll. Den Horizont dieses besonderen Bezugsrahmens steckt jetzt die spezielle ontologische Terminologie im CR ab, die als Argumentationsstruktur sui generis die ET methodologisch fundiert und in diesem Kapitel expliziert wird.

Drei-Welten-Ontologie: Wirklichkeit / Realität / Lebenswelt

Sinn und Wert der Vorstellung von der „Weltenkonstruktion" erscheinen automatisch von dem Moment an plausibel, an dem man es geschafft hat, sich von der objektivistischen Erkenntnismetaphysik zu befreien, wonach das Forschungssubjekt dem beobachterunabhängigen Forschungsobjekt gegenübersteht und dieses objektiv zu erkennen vermag („Subjekt-Objekt-Modell").

FS = Forschungssubjekt
bzw. der Wissenschaftler
FO = Forschungsobjekt
bzw. die objektive Wirklichkeit

Der Wissenschaftler steht der beobachterunabhängigen Wirklichkeit gegenüber und kann sie objektiv erkennen

Grafik: objektivistische Erkenntnismetaphysik im Subjekt-Objekt-Modell

*Ontologische Differenzierung als Erkenntnisvoraussetzung*

Man könnte sagen, diametral zur objektivistischen Auffassung im Subjekt-Objekt-Modell liegt der ET im CR nun ein völlig andersartiges ontologisches Konzept zugrunde. Um seine therapeutischen Intentionen durch entsprechende Anwendung auch erfolgreich umsetzen zu können, ist der CR nun bestrebt, dem „working scientist" mithilfe einer alternativen Ontologie eine begriffliche Grundlage bereitzustellen, auf der er diskutieren kann, was er tatsächlich tut, wenn er gerade dabei ist, Wissen zu schaffen. Die Idee der Weltbeschreibung funktioniert nicht, weshalb es auch keinen Sinn macht, von einer Welt auszugehen, die unserem Denken gegenübersteht. Viel effektiver und zweckmäßiger erweist es sich aber, hier zunächst drei differente Weltbereiche anzunehmen. An dieser Stelle muss erneut deutlich gemacht werden, dass das wissenschaftstheoretische Programm des CR keinesfalls als metaphysisches System missverstanden werden darf. Der CR ist nicht als ein weiteres philosophisches Gedankengebäude geplant, das sich in die vorgängige europäische Geistesgeschichte eingegliedert sehen möchte, sondern unterscheidet sich in grundlegender Weise von der traditionellen Metaphysik. Er maßt sich nämlich weder explizit noch implizit eine Metaposition an, sondern verzichtet vielmehr auf die – de facto unsinnige, weil unmögliche – überwissenschaftliche Vogelperspektive normativer und absoluter Instanzen, da er sich ausschließlich für Meinungen und nicht für das Sein interessiert und demnach auch auf keine endgültige Erklärung ausgerichtet ist. Insofern muss er freilich zugleich auch die Theorie für seine eigenen Aktionen bieten und ist in diesem Sinne dazu verpflichtet, seine methodologischen Grundlagen ausreichend zu reflektieren(1), was im Folgenden nun geschehen soll.

Den „ontologischen Kern" bildet im CR also die Differenzierung dreier Weltbereiche, die zwar nicht definitiv postuliert werden, die aber gewissermaßen als regulative Ideen beim methodischen Vorgehen zu berücksichtigen sind, sofern erfolgreiche Handlungs-Selbsterkenntnis bei der wissenschaftlichen „Weltenkonstruktion" angepeilt werden soll. Allein aus diesen reflexionsmethodologischen Gründen ist es im CR daher üblich geworden, mit den Begriffen „Wirklichkeit" (A), „Realität" (B) und „Lebenswelt" (C) zu argumentieren, ohne dabei – notabene – metaphysische Geltungsansprüche zu stellen.

## 2. Die ontologische Terminologie im CR und ihre Struktur

### A) „Wirklichkeit" im terminologischen Kontext des CR

Im CR nimmt man zunächst einen Gegenstand als vorhanden an, den man aber „an sich" nicht kennt. Durch die Setzung wissenschaftlicher Aktivitäten ist man jetzt aber als Wissenschaftler und Forscher dazu bereit, auf methodisch kontrollierbaren und wiederholbaren Wegen einen neuen Gegenstand bzw. neue Gegenstände zu produzieren, über deren Beziehung zum vorausgesetzten Gegenstand man vorläufig allerdings noch nichts aussagt. Vom wissenschaftlichen Standpunkt aus betrachtet bedeutet das, dass man in seinem Handeln - bis hierher jedenfalls - absolut korrekt und professionell vorgegangen ist, weil man den Boden der methodischen Gewissheit nicht verlassen hat, solange man eben keine Aussagen darüber macht, welche Relation diese spezifischen Handlungsresultate nun zum angenommenen Gegenstand - den man zwar nicht bestreitet, aber auch nicht erklären will - aufweisen.(2)

*Gegenstand ohne Eigenschaften*

Im CR wird also das Vorhandensein eines Gegenstandes angenommen. D.h. obwohl man sie im streng philosophischen Sinne zwar nicht beweisen kann, existieren dennoch gute Argumente für die Hypothese von der „gegebenen Welt". Es spricht ganz einfach mehr für die Annahme einer solchen Welt, als dagegen. Diese „gegebene Welt" wird im CR jetzt als „Wirklichkeit" bezeichnet und ist eben als jene Welt aufzufassen, in der wir leben, mit der wir leben und die – wie übrigens schon der Psychologe Kurt Lewin meinte - von sich aus „wirkt". „Wirklichkeit" ist allen unseren Erkenntnis- und Lebensprozessen vorausgesetzt und kann somit als dasjenige definiert werden, was dem menschlichen Bewusstsein in irgendeinem Sinn gegenübersteht, als etwas, worauf man sich richtet, als etwas, was Gegenstand, Widerstand, Irritation und Deformation ist, aber auch als etwas, das dem menschlichen Leben Halt gibt, das es ermöglicht, begrenzt und einschränkt.

„Wirklichkeit" im konstruktiv-realistischen Sinne meint, dass etwas von sich aus wirkt, ohne dass man es aber erkennen kann. Die so verstandene „Wirklichkeit" kann prinzipiell kein Gegenstand der Erkenntnis sein, weil man hierfür auf die Vorannahme zurückgreifen müsste, dass sie irgendwelche Strukturen hätte, und das wäre eine total unnötige Fiktion, da wir bekanntlich unsere zirkulären Erkenntnisstrukturen per „Quantensprung" nicht verlassen können. Die „Wirklichkeit" muss also weder bewiesen, noch erkannt werden, weil sie ohnehin nicht weiter spezifizierbar ist, d.h. eben grundsätzlich als erkenntnisirrelevant gilt.(3)

*Vorhandene Welt als erkenntnisirrelevante Konstruktionsbedingung*

Insofern gibt es also keinen guten Grund zur Annahme, dass die Wirklichkeit genauso strukturiert ist, wie objektivitätsorientierte Naturwissenschaftler meinen. Mit dieser spezifischen Wirklichkeitsauffassung unterscheidet sich der CR also essentiell vom klassischen naturwissenschaftlichen Denken, das ja die antagonistische Konsequenz aus der Wirklichkeitshypothese zieht. Immerhin vertritt die traditionelle Wissenschaftstheorie den Standpunkt, dass man durch erfolgreiche Plausibilisierung der Existenz von der „gegebenen Welt" automatisch auch plausibel macht, dass sich korrekte wissenschaftliche Resultate an diese Welt zumindest annähern (asymptotisch approximieren) und so mit dieser Welt erkenntnismäßig sehr wohl in Berührung kommen. Eine solche epistemologische Position könnte man als „surrealen Realismus" bezeichnen, denn hier hat man bereits unreflektiert den per se unmöglichen ontologischen Quantensprung gewagt und begeht deshalb den prinzipiellen Fehler zu meinen, dass die „gegebene Welt" z.B. Kategorien des Raumes, der Zeit, der Substanz oder der Kausalität tatsächlich aufweist. Obwohl das freilich ein grober Fehlschluss ist, gibt es jetzt aber noch keinen Grund erkenntnispessimistisch zu werden, denn Erkenntnis bezieht sich auf etwas ganz anderes.(4)

Gewissermaßen neben der „Wirklichkeit" als der „gegebenen Welt", mit der wir nur auf eine indirekte Weise zusammenkommen, weil sie sozusagen erst unsere erkenntnisirrelevante Existenzbedingung, d.h. unsere Konstruktionsvoraussetzung darstellt, gibt es dann jene Welt, mit der Wissenschaftler vertraut sind.

Wirklichkeit

## B) „Realität" im terminologischen Kontext des CR

Dieser vertraute Weltbereich bezieht sich nun auf die vorhin angeführten „neuen Gegenstände", die Wissenschaftler und Forscher durch ihr wissenschaftliches Handeln auf methodisch kontrollierbaren und intersubjektiv überprüfbaren Wegen produzieren. Damit strukturieren und konstruieren sie auf ganz spezifische Art und Weise eine „Welt", die im CR als „Realität" bezeichnet wird.

Die so verstandene „Realität" kann jetzt auch legitimer Erkenntnisgegenstand sein und gilt daher als erkenntnisrelevant, denn als zweite Teil-Welt, die per definitionem zur Gänze konstruiert ist, bezieht sich die „hergestellte Welt" der „Realität" – im Gegensatz zur „gegebenen Welt" der „Wirklichkeit" – auf das Insgesamt der wissenschaftlichen Konstruktionen. Dieser ontologische Bereich kann deshalb prinzipiell verstanden werden, weil er selbst geschaffen wurde. Auf den Zusammenhang zwischen Erkennbarkeit und Selbstgeschaffenem hat bekanntlich schon Giambattista Vico (1668 – 1744) aufmerksam gemacht, als er behauptete, dass der Mensch im eigentlichen Sinn die Natur gar nicht erkennen könne, sondern nur das, was er selbst hervorgebracht hat, d.h. die vom Menschen selbst geschaffenen Phänomene. Im konstruktiv-realistischen Verständnis von „Realität" kommt daher das „Vico-Axiom" voll zur Geltung: „verum et factum convertuntur".

Im CR werden nun die in disziplinären bzw. subdisziplinären Kontexten geschaffenen einzelnen wissenschaftlichen Konstruktionsleistungen sodann „Mikrowelten" genannt.(5)

*Die „Mikrowelten" der „Realität" im CR*

„Mikrowelten" im Sinne des CR beziehen sich nun auf die geschaffenen, d.h. künstlichen Welten unterschiedlichster Datensysteme. Der Terminus „Mikrowelt" bezeichnet eine Datenmenge, die durch ein wissenschaftliches Satzsystem beschrieben wird. Eine bestimmte „Mikrowelt" ist somit ein spezielles Theoriengebäude, das in sich logisch kongruent ist und in dessen Kontext wissenschaftliche Erfahrungen als wahr gelten. Im Hinblick auf die Gegenüberstellung von „Wirklichkeit" und „Realität" bewegt sich eine „Mikrowelt" also stets im Bereich der „Realität", da es sich hierbei um ein vom Wissenschaftler strukturiertes und produziertes Konstrukt handelt.

„Mikrowelten", als je spezifisch strukturierte Mengen von Daten, sind künstliche Weltgebilde mit einigen wenigen Qualitäten. Diese können nun von anschaulicher oder auch von rein formaler Art sein. Die moderne Kosmologie und theoretische Physik etwa stellen „Mikrowelten" dar, in denen man mit Satzsystemen operiert, die sich nur formal vermitteln und formal diskutieren lassen, wogegen in anderen naturwissenschaftlichen „Mikrowelten" Zusammenhänge und Relationen in sehr anschaulicher Weise konstruiert werden, z.B. mittels Abbildungen.

Realität

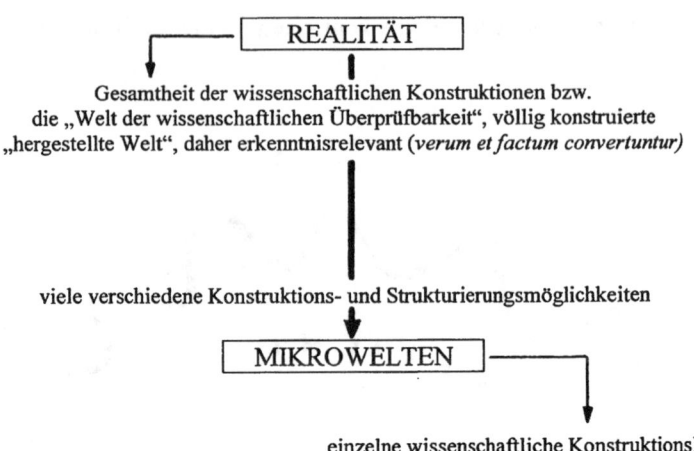

Grafik: „Mikrowelten" als strukturelle Elemente der „Realität"

*Pluralismus heteromorpher Artefakte*

Allein in wissenschaftshistorischer Perspektive betrachtet, steht man auf dem wissenschaftlichen Terrain der Physik beispielsweise einer Vielzahl differenter „Mikrowelten" gegenüber: die aristotelische Mikrowelt ist eine andere als die Newtonsche Mikrowelt; die physikalische Mikrowelt der klassischen Mechanik unterscheidet sich z.B. gravierend von den relativitätstheoretischen und quantenmechanischen Mikrowelten der 1930er Jahre; und die computerunterstützten Mikrowelten der kontemporären Physik sind wiederum anders strukturiert. Die Physik, so wie jede andere Naturwissenschaft auch, wandelt und verändert sich freilich im Laufe der Zeit, produziert sehr wohl aber auch zeitgleich mitunter völlig heteromorphe Mikrowelten (Methodenpluralismus), nur darf man hier nicht dem Irrglauben aufsitzen, dieses „Fortschreiten" in technisch-instrumenteller Hinsicht hinge jetzt mit einem immer exakteren „Hinschreiten" zur objektiven Wirklichkeitserkenntnis zusammen.

Die Pointe der Mikrowelten-Idee liegt darin, dass sich erst mit ihrer Hilfe verschiedene wissenschaftliche Konzeptualisierungen vergleichen lassen und zwar jenseits der zu unrecht beanspruchten normativen Superbeobachtungsposition der traditionellen Wissenschaftsphilosophie. Auf diese Weise wird dann auch die Schaffung von Überblick, Ordnung und Regelung der Sprache hinsichtlich wissenschaftlicher Handlungsformen möglich.(6)

Mikrowelt

Die Zirkelproblematik der Objekt-Methode-Relation als ein integraler Bestandteil des wissenschaftlichen Handelns – darauf wurde ja bereits deutlichst hingewiesen – zeigt sich im Umstand, dass man den wissenschaftlichen Forschungsgegenstand – auf irgendeine Art und Weise – vorweg kennen muss, um ihn überhaupt untersuchen zu können. Daraus lässt sich eben folgern, dass die Struktur der Wissenschaft von der vorgängigen Weltkenntnis abhängt, womit jetzt auch schon das Thema von der prinzipiellen Kulturabhängigkeit wissenschaftlicher Aktivitäten angeschnitten ist. Die Einsicht, dass sich mikroweltliche Produktionsleistungen nur innerhalb kultureller Rahmenbedingungen abspielen können, weil auch die forschungstraditionsbedingten Gegenstandsperspektiven selbst natürlich in den übergeordneten Kontext einer bestimmten Kulturentwicklung eingebettet sind, ist fundamental und kann in ihrer Bedeutsamkeit gar nicht überschätzt werden. Immerhin verweist der kulturrelativistische Aspekt von Wissenschaft auf den dritten ontologischen Bereich im CR.

C) „Lebenswelt" im terminologischen Kontext des CR

Berücksichtigt man das Phänomen der Kulturrelativität, wird verständlich, dass wissenschaftliches Handeln im Rahmen der euro-amerikanischen Kultur andere Strukturierungsqualitäten als jene wissenschaftlichen Unternehmungen aufweist, die im Kontext anderer kultureller Rahmenbedingungen geschehen, eben aufgrund dieser Unterschiedlichkeit der vorausgesetzten „Kenntnis der Welt". An dieser Stelle gilt es darauf hinzuweisen, dass der „intellektuelle" Wert differenter kulturspezifischer Handlungen freilich nicht durch die Frage ermittelt werden kann, welche Kultur mit ihren speziellen Erkenntnisleistungen der „objektiven Wahrheit" jetzt tatsächlich näher kommt. Vielmehr muss die „Approximationsidee" selbst inmitten ihrer eigenen kulturellen Verortung gesehen werden. Andererseits wirken sich die differenten Strukturierungsmaßnahmen wissenschaftlicher Vorgehensweisen natürlich in der technischen Verwertbarkeit ihrer Produkte aus, weshalb man – ausschließlich von diesem instrumentellen Niveau aus betrachtet - sehr wohl auch kulturbedingte Qualitätsunterschiede des „Wissen-Schaffens" bewerten kann und muss.

Lebenswelt

## Kulturspezifisch viable Überzeugungen und Regeln

Die kulturspezifische „Lebenswelt" ist also verantwortlich für die kulturrelative „Kenntnis der Welt", die als Antizipation dessen, „was Welt ist", gewissermaßen die Grundlage für die Strukturierungsqualität wissenschaftlicher Handlungsvollzüge darstellt.(7) Freilich muss hier noch ergänzend hinzugefügt werden: je differenzierter eine kulturspezifische „Lebenswelt" entwickelt ist, desto vielschichtiger ist auch das vorwissenschaftliche „Wissen von der Welt" und desto polymorpher sind letztendlich auch die wissenschaftlichen Strukturierungsleistungen.

Den Terminus „Lebenswelt" findet man in seiner erkenntnistheoretischen Anwendung bereits bei Edmund Husserl, für sozial- und kulturwissenschaftliche Felder populär gemacht hat ihn aber Alfred Schütz, der mit diesem Begriff soziologisch gegen die systemische Perspektive von Niklas Luhmann argumentiert.(8) Im Vergleich dazu werden mit dem Lebenswelt-Begriff im CR natürlich andere Ziele verfolgt.

Die konstruktiv-realistisch verstandene „Lebenswelt", mit der wir uns im Alltag auseinandersetzen, ist zwar einerseits für uns so selbstverständlich, als ob sie definitiv gegeben wäre, sie muss andererseits aber auch in dem Sinn als „konstruiert" aufgefasst werden, als sich ja die Koexistenz heterogener kultureller Lebenswelten gerade nicht leugnen lässt. So gesehen sind „Lebenswelten" kulturspezifisch entwickelte und tradierte Systeme von Überzeugungen und Regeln, die sich als sinnvoll und nützlich erweisen, weil sie sich über mehr oder weniger lange Zeiträume hinweg funktionell bewährt haben (Viabilitätsfaktor). In dieser instrumentellen Hinsicht steuern lebensweltliche „Regelsysteme" sodann eine Vielzahl von Handlungs- und Verhaltensweisen im Alltag, minimieren damit den Entscheidungsdruck in lebensweltlichen Situationen und determinieren nicht zuletzt eben das – mehr oder weniger nuancierte - kulturrelative „Wissen von der Welt", was sich schließlich auch auf die mikroweltlichen Vorüberzeugungen davon auswirken muss, wie jetzt die Struktur eines bestimmten Forschungsgegenstandes vernünftigerweise eigentlich nur aussehen kann.(9)

## Zur Relation zwischen „Lebenswelt" und „Realität"

So wirkt die „Lebenswelt" immer schon auf die Konstruktion von „Realität" durch die Entwicklung spezifischer „Mikrowelten" und zeigt das Faktum der „Kulturabhängigkeit der Wissenschaften" deutlich auf. Die Relation der „Lebenswelt" zur „Realität" ist jedoch nicht eindimensional. Die Entwicklungs- und Veränderungsgeschichte mikroweltlicher Produktionen der Wissenschaft wirkt freilich ihrerseits wiederum – mehr oder weniger intensiv - auf die lebensweltliche Grundlage zurück, ist also für Gestaltung, Entwicklung und Veränderung von „Lebenswelt" mitverantwortlich.

Zwischen „Lebenswelt" und „Realität" besteht ein dynamisches Verhältnis, das durch eine hochkomplexe reziproke Durchdringung, d.h. durch merkliche Interdependenzen charakterisiert ist. Schlicht und einfach könnte man auch sagen: die kulturspezifische „Lebenswelt" prägt nicht nur die wissenschaftliche „Realität", sondern die wissenschaftliche „Realität" prägt vice versa auch die kulturspezifische „Lebenswelt".

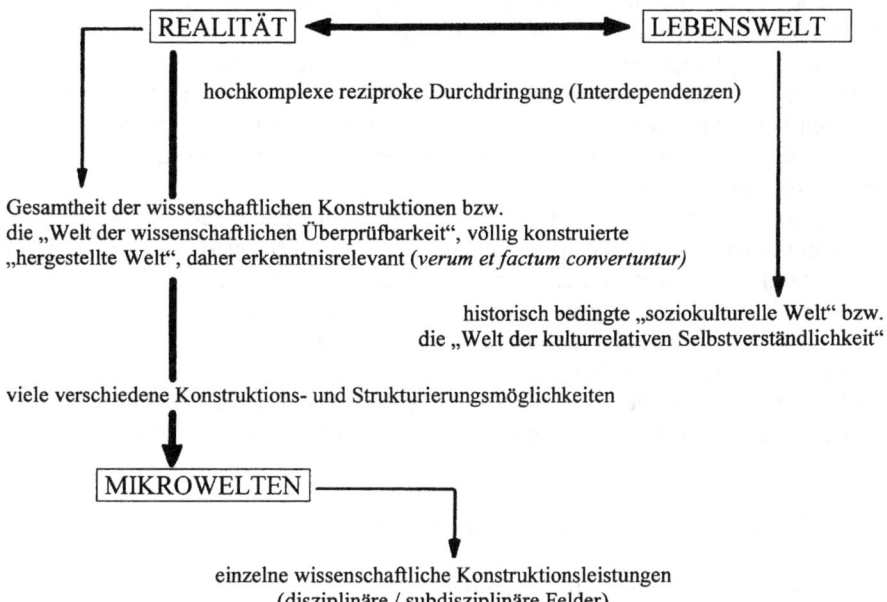

Grafik: „Realität" und „Lebenswelt"

Mit dem ontologischen Begriff „Lebenswelt" meint man im CR also die geschichtlich bedingte, soziokulturelle Welt der „Selbstverständlichkeit", wobei eben diese „Lebenswelt" als „Welt der kulturrelativen Selbstverständlichkeit" in vielfacher Hinsicht mit der „Realität" als „Welt der wissenschaftlichen Überprüfbarkeit" gewissermaßen „verschwimmt".(10)

*Zum Verhältnis von „Realität" und „Wirklichkeit": die Substitutionsfunktion der „Mikrowelten" im CR*

Das grobe epistemologische Missverständnis in der traditionellen Wissenschaftsauffassung ist es nun zu glauben, dass ein funktionierendes wissenschaftliches System – also eine konstruierte „Mikrowelt" – die „gegebene Welt" der „Wirklichkeit" deskriptiv zur Darstellung bringt. De facto ist es ja so, dass ein mikroweltliches System tadellos funktionieren kann, dabei aber offensichtlich nichts mit einer „Wirklichkeitsbeschreibung" zu tun hat. In der Physik beispielsweise lässt sich diese Erkenntnis aus dem Umstand ableiten, dass sowohl die Newtonsche Mechanik als auch die allgemeine Relativitätstheorie in dem Sinne funktionieren, als eben beide Mikrowelten zutreffende Voraussagen machen. Hochgradig widersinnig wäre es jetzt allerdings, hierbei noch herausfinden zu wollen, ob die „wirkliche Welt" also „newtonisch" oder „einsteinisch" ist.

Eine „Mikrowelt", selbst wenn sie in instrumenteller Perspektive noch so gut funktioniert, hat als solche nämlich keinen Erkenntniswert, sondern ist bloß ein Artefakt, das sich in anwendungstechnischer Hinsicht als sinnvoll und zweckmäßig (rational) erweist – mehr nicht! Instrumentelle Nützlichkeit und praktische Verwertbarkeit – auf welchem elaborierten Niveau und in welcher subtilen Form auch immer - dürfen dabei aber niemals mit „Erkenntnis von Wirklichkeit" verwechselt werden, weil man mit der Konstruktion einer funktionierenden „Mikrowelt" die „Wirklichkeit" nicht erkennt, sondern substituiert.(11)

*Wo „Mikrowelten" sind, ist „Wirklichkeit" nicht mehr*

Erfolgreiche wissenschaftliche Handlungsweisen erschaffen Modelle („Mikrowelten"), die die „Wirklichkeit" gewissermaßen in bestimmten „Aspekten" ersetzen, weshalb „Mikrowelten" in ihrem Verhältnis zur „Wirklichkeit" als Surrogate angesehen werden können. Sozusagen „um eine spezifische Mikrowelt herum" bleibt die „gegebene Welt" also immer noch „Wirklichkeit", weil ein funktionierendes wissenschaftliches Artefakt die „Wirklichkeit" stets nur in einer besonderen Hinsicht bzw. in einem bestimmten „Teilbereich" ersetzen kann. Ein solcher „Teilbereich" darf jetzt freilich nicht in Beziehung zur Vorstellung einer einheitlich strukturierten Gesamtwirklichkeit gebracht werden, sondern ist einzig und allein durch die angepeilte operationalisierbare Zielsetzung der wissenschaftlichen Handlung definiert. Man könnte hier auch pointiert formulieren: da „Mikrowelten" nicht abbilden, sondern ersetzen, ist „Wirklichkeit" nicht mehr, wo „Mikrowelten" sind.

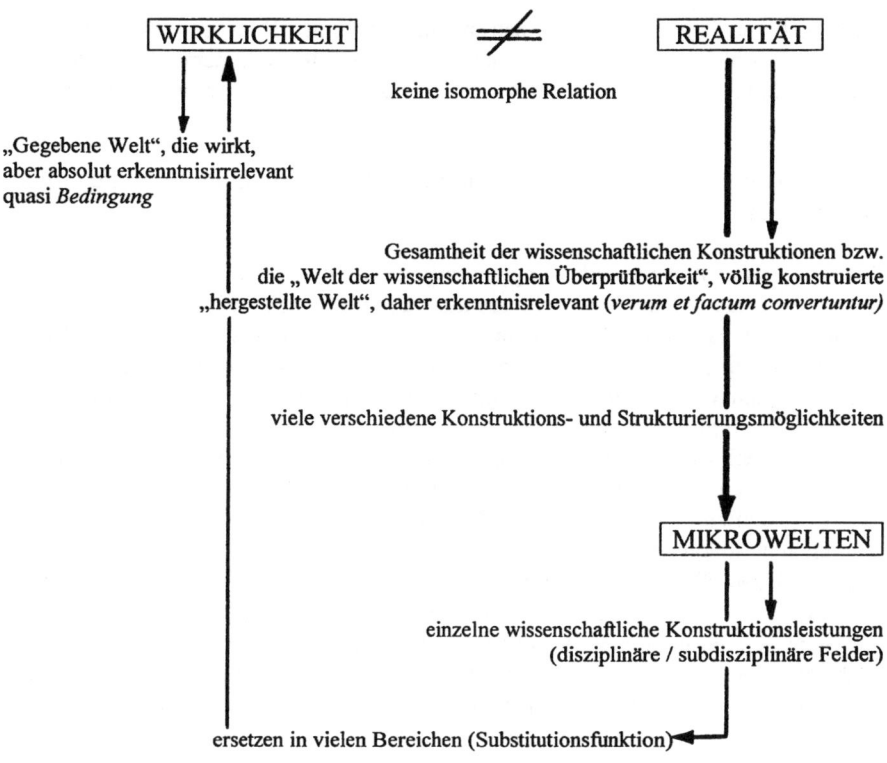

Grafik: „Wirklichkeit" und „Realität"

„Mikrowelten" können zunächst durchaus als „technische Entitäten" verstanden werden, weshalb sie sich nur dann als wertvoll erweisen, wenn sie im Hinblick auf ihre Zwecksetzungen entsprechend funktionieren. Allerdings kann man von dieser instrumentellen Deutungsebene aus betrachtet freilich keinen Unterschied mehr zwischen Naturwissenschaft und Technik ausmachen, d.h. auf diesem Niveau stellt sich Wissenschaft ausschließlich technisch dar.

Stellt man jetzt aber den traditionellen abendländischen Erkenntnisanspruch und blickt aus einer epistemologischen Perspektive auf das Mikroweltenphänomen, wird die Sache mit der Wissenschaftsinterpretation schon viel komplizierter, weil hierbei ein viel bedeutenderer kultureller Aspekt ins Spiel gebracht wird, als wenn es nur darum geht, das Leben bequemer zu machen. Wissenschaft ist tatsächlich viel mehr als bloß die logische Bedingung technischer Potentialität - oder eben negativ, in Form einer Warnung ausgedrückt: falls wissenschaftliches Handeln nicht auch jenseits von „Instrumentalität" und „Deskriptivität" verstehbar gemacht werden kann, ist der totale Verlust von Reflexionsmöglichkeiten und Entscheidungschancen für wissenschaftlich Handelnde vorprogrammiert.(12)

## 3. Resümee: die Drei-Welten-Ontologie im CR als methodologische Grundlage der ET

Im Sinne einer Zusammenfassung sollen jetzt die einzelnen „Elemente" des „ontologischen Kerns" im CR nochmals kurz angeführt und in ihrem Verhältnis zueinander dargestellt werden. Möchte man die methodologischen Struktur der ET in ihrer Spezifik nachvollziehbar machen, d.h. will man Einsicht in die theoretische Grundlage der konstruktiv-realistischen Therapeutik gewinnen, muss man sich mit der ontologischen Terminologie im CR auseinandersetzen. Wobei hier abermals nachdrücklich darauf hingewiesen werden soll, dass die Ontologie des CR keine Seins-Lehre im metaphysischen Sinne ist. Der CR beansprucht keineswegs Einsichten in die Struktur der Wirklichkeit zu vermitteln, sondern strebt einzig danach, adäquate Grundlagen zu entwickeln, auf denen letztlich auch brauchbares Wissen über das Funktionieren wissenschaftlichen Handelns geschaffen werden kann. Der ontologische Entwurf im CR bezweckt somit ausschließlich die notwendige Klärung des Redens über Wissenschaft, denn – und dessen muss man sich schon bewusst werden -, verzichtet man nämlich auf diese ontologische Differenzierung, riskiert man automatisch einen Rückfall in den „instrumentalistischen Erkenntnispessimismus" bzw. in die „objektivistische Erkenntnisillusion".(13)

Um dieses Risiko zu vermeiden, operiert die ET im CR reflexionsmethodologisch lieber mit den Begriffen „Wirklichkeit", „Realität" und „Lebenswelt". Dabei bezieht sich der Begriff „Wirklichkeit" auf die regulative Idee einer „gegebenen Welt", die als erkenntnisirrelevante Bedingung sozusagen erst die Basis unserer Konstruktionsmöglichkeiten darstellt und insofern auch unseren Handlungen vorgelagert ist. Die „Wirklichkeit" im CR bezieht sich somit auf die nichtkonstruierte Welt, die man freilich nicht positiv erkennen kann, die man aber durch das Scheitern eigener Handlungsvollzüge als Widerstandserfahrung erleiden muss und insofern auch nur negativ zu erkennen vermag, weil man auf diese Weise erst zu verstehen beginnt, wo spezielle Aktivitäten eben nicht funktionieren und daher sinnlos sind.

Im Vergleich zur „Wirklichkeit" ist die „Realität" im CR nun vollkommen andersartig strukturiert, d.h. „Wirklichkeit" und „Realität" - als Termini Technici des CR - sind nicht identisch und können es auch gar nicht sein, da sich der Begriff „Realität", im Gegensatz zum konstruktiv-realistischen Wirklichkeitsbegriff, auf die „hergestellte Welt" der Wissenschaft, auf die „Welt des wissenschaftlichen Konstruierens" bezieht und daher auch erkenntnisrelevant (G. Vico) ist. Einzelne wissenschaftliche Konstruktionsleistungen werden im CR sodann als „Mikrowelten" bezeichnet, und sie sind es auch, die in vielen Bereichen die „Wirklichkeit" erfolgreich substituieren, nicht aber deskribieren.

Der dritte Weltbereich im CR wird „Lebenswelt" genannt und nimmt bezug auf die geschichtlich bedingte, soziokulturelle Welt der Selbstverständlichkeit. Der Lebensweltbegriff im CR verweist auf die je spezifische kulturelle Rahmenbedingung, innerhalb derer wissenschaftlich Handelnde ihre speziellen Aktivitäten gestalten und Wissen schaffen. Zwischen „Lebenswelt" als „Welt der kulturrelativen Selbstverständlichkeit" und „Realität" als „Welt der wissenschaftlichen Überprüfbarkeit" bestehen freilich hochkomplexe Interdependenzen, die es im Zusammenhang mit der Frage nach dem wissenschaftlichen Selbstverständnis in besonderem Maße zu beachten gilt.

*„Mikrowelten" unter die epistemologische Lupe nehmen!*

Wenn Wissenschaftler also gerade dabei sind, Wissen zu schaffen, so produzieren sie Artefakte, die insofern sinnvoll funktionieren, als sie sich im Hinblick auf die Erreichung spezieller wissenschaftlicher Ziele als viabel zu erweisen haben. Dieser Prozess wird im CR eben als Konstruktion von „Mikrowelten" bezeichnet, die in prinzipieller Korrelation mit „lebensweltlichen" Kontexten stehen und in ihrem Verhältnis zur „Wirklichkeit" Substitutionsfunktionen erfüllen.

Genau an dieser Stelle setzt aber erst das selbstverständnisbezogene Erkenntnisproblem an, d.h. gerade hier stellen sich jetzt reflexionsmotivierte Fragen nach Einsicht in konkretes mikroweltliches Handeln – so z.B.: Wie wird denn nun in bestimmten wissenschaftlichen Kontexten definitiv konstruiert? Wie kann man jetzt eigentlich Einblick und Einsicht in die spezifische Art und Weise konkreter Strukturierungsleistungen gewinnen? Wie lässt sich die Qualität bestimmter mikroweltlicher Konstruktionshandlungen überhaupt transparent machen?

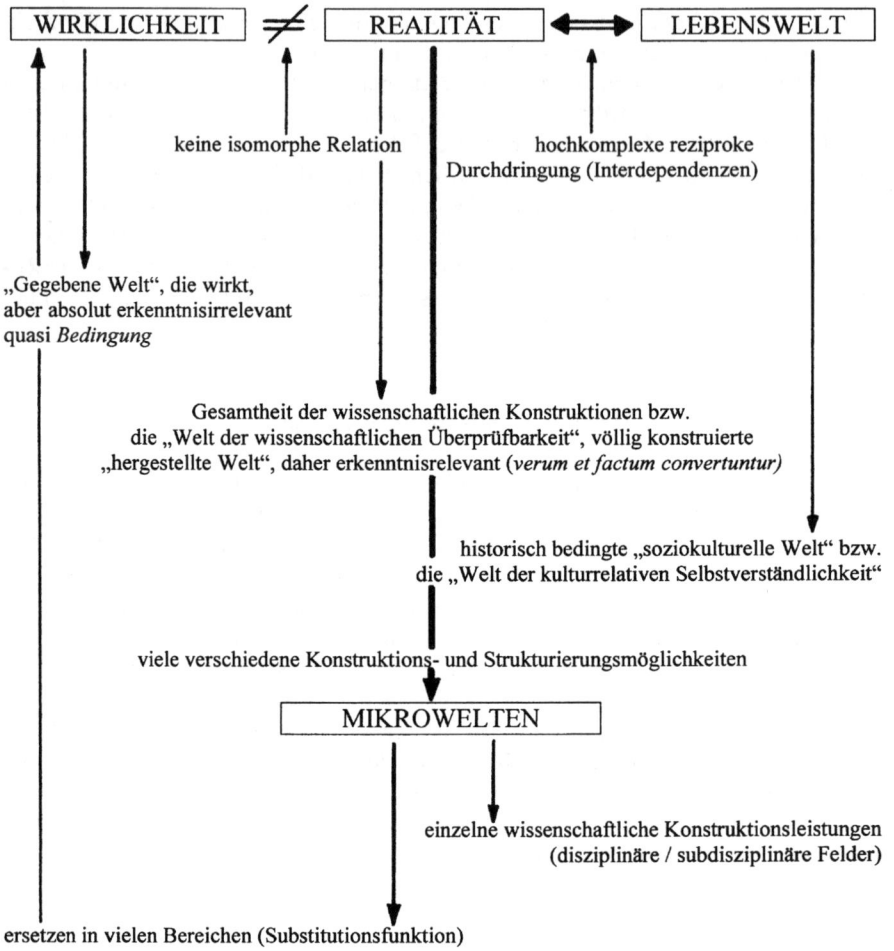

Grafik: strukturelles Schema der Drei-Welten-Ontologie im CR

*Anmerkungen:*

(1) Vgl. Wallner, Fritz: Konstruktion der Realität. Von Wittgenstein zum Konstruktiven Realismus. WUV Universitätsverlag, Wien 1992

(2) Vgl. Wallner, Fritz: Acht Vorlesungen über den Konstruktiven Realismus. WUV Universitätsverlag, Wien 1992

(3) Vgl. Wallner, Fritz; Agnese, Barbara (Hrsg.): Von der Einheit des Wissens zur Vielfalt der Wissensformen. Erkenntnis in Philosophie, Wissenschaft und Kunst. Braumüller, Wien 1997

(4) Vgl. Wallner, Fritz: Die Verwandlung der Wissenschaft. Vorlesungen zur Jahrtausendwende. Verlag Dr. Kovac, Hamburg 2002

(5) Vgl. Wallner, Fritz: Acht Vorlesungen über den Konstruktiven Realismus. WUV Universitätsverlag, Wien 1992

(6) Vgl. Wallner, Fritz: Die Verwandlung der Wissenschaft. Vorlesungen zur Jahrtausendwende. Verlag Dr. Kovac, Hamburg 2002

(7) Vgl. Wallner, Fritz: Acht Vorlesungen über den Konstruktiven Realismus. WUV Universitätsverlag, Wien 1992

(8) Vgl. Schütz, Alfred; Luckmann, Thomas: Strukturen der Lebenswelt. Suhrkamp, Frankfurt am Main 1979

(9) Vgl. Wallner, Fritz: Die Verwandlung der Wissenschaft. Vorlesungen zur Jahrtausendwende. Verlag Dr. Kovac, Hamburg 2002

(10) Vgl. Wallner, Fritz; Agnese, Barbara (Hrsg.): Von der Einheit des Wissens zur Vielfalt der Wissensformen. Erkenntnis in Philosophie, Wissenschaft und Kunst. Braumüller, Wien 1997

(11) Vgl. Wallner, Fritz: Die Verwandlung der Wissenschaft. Vorlesungen zur Jahrtausendwende. Verlag Dr. Kovac, Hamburg 2002

(12) Vgl. Wallner, Fritz; Schimmer, Josef; Costazza, Markus (Ed.): Grenzziehungen zum Konstruktiven Realismus. WUV Universitätsverlag, Wien 1993

(13) Vgl. Wallner, Fritz: Die Verwandlung der Wissenschaft. Vorlesungen zur Jahrtausendwende. Verlag Dr. Kovac, Hamburg 2002

## Abbildung zur DREI-WELTEN-ONTOLOGIE im CR:
die ontologische Terminologie im CR und ihre Struktur in grafischer Darstellung

Differente, in interdependenter Relation zur „Lebenswelt" stehende „Mikrowelten" unterschiedlicher Komplexitätsgrade strukturieren „Realität" und ersetzen in vielen Bereichen „Wirklichkeit".

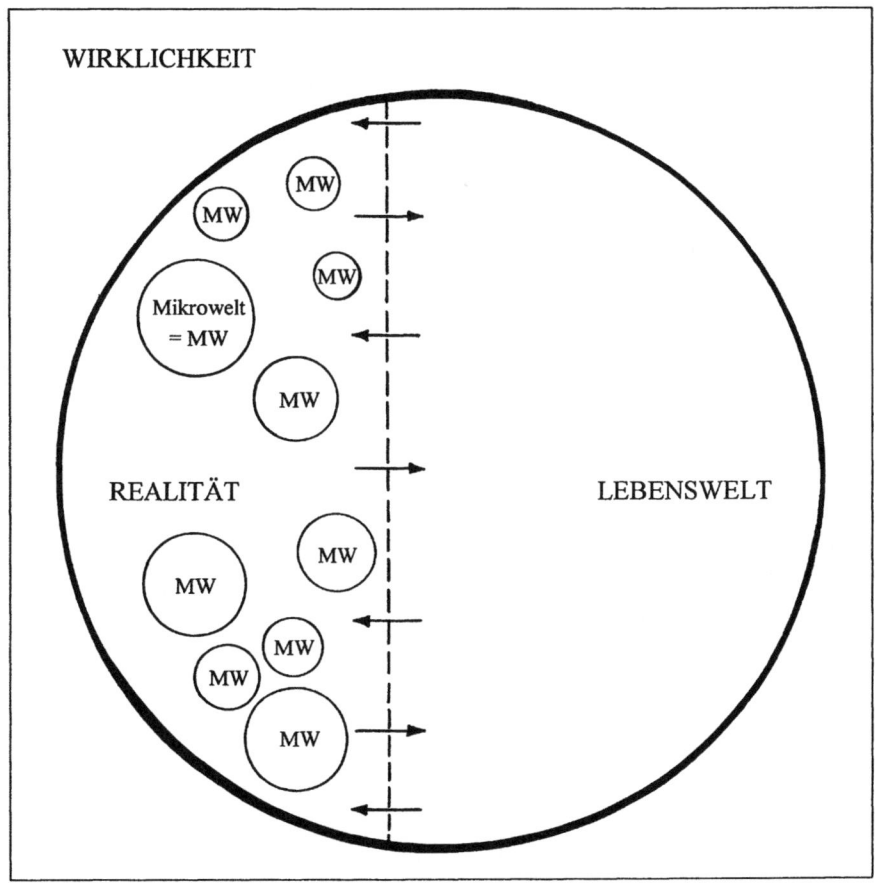

Die DREI-WELTEN-ONTOLOGIE im CR ist eine aus reflexionsmethodologischen Gründen vorgenommene ontologische Differenzierung ohne metaphysischen Geltungsanspruch und dient als Argumentationsbasis. Als spezifisches „Sprachspiel" stellt sie das mikroweltliche Begriffssystem der ET im CR dar.

# IV. Reflexives Handlungsverständnis als zentrales Thema der ET: die erkenntnistheoretische Problematik mit Mikrowelten im CR

Struktur des 4. Hauptkapitels

1. Ubiquitäre Formen und Weisen des Umgangs mit Mikrowelten

A) Intra-Mikroweltlichkeit: Mikrowelten applizieren

B) Inter-Mikroweltlichkeit: Mikrowelten untereinander

B.1) Instrumentalisierender Gebrauch von Mikrowelten
- Verschleierung statt Transparenz

B.2) Explizierender Gebrauch von Mikrowelten
- Missverständnis auf der Objektebene

B.3) Universalisierender Gebrauch von Mikrowelten
- Methodologische Unklarheit
- Führungswissenschaftlicher Anspruch und universalisierende Inter-Mikroweltlichkeit
- Universale Welterkenntnis durch eindimensionale Blickrichtung

2. Methodische versus metaphysische Verbindlichkeit im mikroweltlichen Kontext
- „Verbindlichkeit" begrifflich differenzieren
- Verbindlichkeit trotz freier Wahl

3. Handlungserkenntnis der mikroweltlichen Erkenntnishandlung: von der instrumentellen zur reflexiven Erkenntnis
- Zwischen Applikation und Reflexion
- Zur instrumentellen Form der Erkenntnis: mikroweltliche Erkenntnishandlung
- Technik versus Erkenntnis

- Instrumentelle Erkenntnis als inner-wissenschaftliche Angelegenheit
- Zur reflexiven Form der Erkenntnis: Handlungserkenntnis der mikroweltlichen Erkenntnishandlung
- Blick aufs eigene System

4. Auf dem Weg zu einem reflexiven Handlungsverständnis
   - Exotische Umgangsform mit Mikrowelten

Mikrowelten applizieren

## 1. Ubiquitäre Formen und Weisen des Umgangs mit Mikrowelten

Wenn Wissenschaftler gerade dabei sind, Wissen zu schaffen, so handeln sie – aus konstruktiv-realistischer Sicht betrachtet – im Feld der „Realität", also in der konstruierten „Welt wissenschaftlicher Überprüfbarkeit" und produzieren dabei konkrete „Mikrowelten", die im Hinblick auf ihre disziplinären Zielsetzungen mehr oder weniger gut funktionieren.

Wenn naturwissenschaftliche Mikrowelten nun aber prinzipiell keine „Naturerkenntnis" liefern, sondern Handlungsformen darstellen, die zeigen, auf welche Art und Weise sich „Natur" sinnvoll strukturieren und technisch funktionalisieren lässt, so beginnt hier allerdings erst – wie gesagt - die immense erkenntnistheoretische Problematik. Jetzt erst dreht sich definitiv alles um die Frage nach dem „reflexiven Handlungsverständnis", da ja in epistemologisch-therapeutischer Intention geklärt werden soll, wie man Einblick und Einsicht in die spezifische Art und Weise, d.h. in die qualitative Spezifik konkreter mikroweltlicher Strukturierungs- und Konstruktionsleistungen gewinnen kann.

In diesem Kapitel wird also das selbstreflexive Erkenntnisproblem wissenschaftlichen Handelns konkret thematisiert und der Frage nachgegangen, wie man eigentlich mit Mikrowelten vernünftigerweise umzugehen hat, damit sie schließlich auch auf rational argumentierbare bzw. intersubjektiv kommunizierbare Art „selbstverständlich" werden können. Zunächst gilt es aber einen Blick auf die herkömmlichen und gebräuchlichen Umgangsformen mit Mikrowelten zu werfen, um die Aktualität, die Intensität und die Vehemenz der epistemologischen Problemsituation in diesem Zusammenhang überhaupt entsprechend nachvollziehbar zu machen.

### A) Intra-Mikroweltlichkeit: Mikrowelten applizieren

Auf die Funktion von Mikrowelten im eigenen disziplinären / subdisziplinären Kontext wissenschaftlicher Unternehmungen wurde bereits an mehreren Stellen eingegangen, weshalb hier auch nur mehr eine kurze zusammenfassende Bemerkung zur Aufgabe von Mikrowelten innerhalb des eigentlichen, genuinen Anwendungsfeldes, d.h. innerhalb der selbstgesetzten Rahmenbedingungen spezifischer Forschungsbemühungen erfolgen soll:

Mikrowelten sind Erfindungen bzw. Artefakte, die von wissenschaftlich Handelnden strukturiert, konstruiert und produziert werden und in instrumenteller bzw. technischer Hinsicht sinnvoll funktionieren müssen. Die Funktion einer bestimmten Mikrowelt besteht somit in ihrer Viabilität bezogen auf die Erreichung spezieller wissenschaftlicher Ziele im konkreten disziplinären / subdisziplinären Zusammenhang. Etwas anders formuliert lässt sich hier behaupten: die „intramikroweltliche Sphäre" ist gewöhnlich dadurch charakterisiert, dass in ihr bestimmte Mikrowelten ausschließlich zweckgerichtet appliziert werden.

## B) Inter-Mikroweltlichkeit: Mikrowelten untereinander

Wissenschaftliche Aktivitäten spielen sich aber nicht nur im „intramikroweltlichen" Sektor ab, sondern gehen gewissermaßen auch aus sich heraus, weiten sich aus, greifen auf unterschiedliche Weise ineinander und werden daher – ob bewusst intendiert oder unverstanden - ebenso in „inter-mikroweltlichen" Handlungsräumen vollzogen.(1)

Im Folgenden sollen die gebräuchlichsten Formen inter-mikroweltlicher Tätigkeiten vorgestellt und hinsichtlich einer möglichen Beitragsleistung zur Entwicklung eines befriedigenden „Mikrowelten-Selbstverständnisses" befragt werden.

### B.1) Instrumentalisierender Gebrauch von Mikrowelten

Die „inter-mikroweltliche" Applikationssituation bzw. das Anwendungsverhältnis im Bereich der „Mikrowelten untereinander" weist einige übliche Tendenzen auf, wovon die sogenannte „instrumentalisierende" eine besonders häufig anzutreffende Form darstellt.

Im Verlauf des 20. Jahrhunderts ist es in der Praxis (natur)wissenschaftlichen Handelns selbstverständlich geworden, dass ein bestimmtes wissenschaftliches Forschungsfeld Ergebnisse und Resultate, die in anderen disziplinären / subdisziplinären Domänen gewonnen wurden, in den eigenen Forschungsprozess hereinnimmt und für eigene Zwecke verwendet.

Das ist z.B. der Fall, wenn ein Chemiker bei der Untersuchung des Atommodells in chemischer Intention eine Reihe von physikalischen Informationen und Methoden verwendet. Was in einem wissenschaftlichen Zusammenhang „Erkenntnis" ist, wird also instrumentalistisch, d.h. als bloßes Mittel zum Zweck gebraucht, um Fragestellungen eines anderen wissenschaftlichen Zusammenhanges zu beantworten.

Bei dieser Art von „Inter-Mikroweltlichkeit", die nun als „instrumentalisierend" bezeichnet werden kann, geht es also darum, für die Lösung bestimmter Fragestellungen, die vorher feststehen und mit spezifischen Methoden in Angriff genommen werden, Informationen zu benützen, welche aus anderen mikroweltlichen Bereichen stammen. Solche Informationen haben dann in dem speziellen Untersuchungszusammenhang, in dem sie angewandt werden, eine ähnliche Funktion wie jene Informationen, die durch eigene (eventuell experimentelle) Leistungen gewonnen werden könnten, nur wird eben auf solche Aktivitäten beim „instrumentalisierenden Gebrauch von Mikrowelten" verzichtet, weil das bereits auf einem anderen (sub)disziplinären Gebiet gemacht wurde.(2)

*Verschleierung statt Transparenz*

Offensichtlich führt diese weit verbreitete Form des inter-mikroweltlichen Umgangs, bei der also Quellen z.B. aus Nachbardisziplinen instrumentalisierend appliziert werden, nicht zu Einblick und Einsicht in die spezifische Qualität der eigenen mikroweltlichen Konstruktionsweise. Bei diesem Vorgehen des wissenschaftlichen Handelns werden bloß Ergebnisse und Informationen benützt und angewandt, die selbst allerdings nicht überprüft wurden bzw. deren Strukturierung in anderen mikroweltlichen Wirkungsfeldern zustande kamen. Damit wird nicht nur kein Überblick über die Strategien der eigenen mikroweltlichen Strukturierungsmaßnahmen erzielt, d.h. also keine Klarstellung der eigenen wissenschaftlichen Handlungsprinzipien erreicht, sondern damit wird die eigene disziplinäre Methodik eher noch „verdunkelt" als transparent gemacht.

Durch den „instrumentalisierenden Gebrauch von Mikrowelten" gewinnt man keinerlei Einsichten über Vorgehensweisen und Zielsetzungen wissenschaftlicher Handlungsformen, weil hier immer schon Fragen, Ziele und Problemlösungsversuche vorweg festgesetzt sind. Hier geht es also nicht darum, die eigene Fragestellung etwa zu erweitern, zu verändern oder zu reflektieren – im Gegenteil: in der „instrumentalisierenden Inter-Mikroweltlichkeit" bleiben Fragestellung und Methodengebrauch völlig unberührt, weshalb ein reflexives Handlungsverständnis auch nicht gelingen kann.

*B.2) Explizierender Gebrauch von Mikrowelten*

Weit unter dem erkenntnistheoretischen Niveau des wissenschaftlichen Selbstverständnisses ist auch die sogenannte „explizierende Inter-Mikroweltlichkeit" angesiedelt.

Unter dieser nicht weniger üblichen Gebrauchsform von „Mikrowelten untereinander" versteht man, dass ein disziplinärer Bereich durch Methoden eines anderen wissenschaftlichen Terrains „expliziert" wird – oder anders gesagt, dass die Arbeitsweise eines mikroweltlichen Kontextes zum Forschungsgegenstand eines anderen mikroweltlichen Zusammenhangs wird. Dies wäre z.B. dann der Fall, wenn ein Soziologe naturwissenschaftliche Disziplinen untersucht; wenn also Verfahrensweisen und Methoden der disziplinären Richtung „Soziologie" etwa in dem ganz anders strukturierten Forschungsmilieu „Neuropharmakologie" angewandt werden.

Mikrowelten untereinander

*Missverständnis auf der Objektebene*

Freilich kann jetzt jede beliebige Disziplin mit Methoden einer anderen Disziplin „erklärt" werden. Das bringt auf der einen Seite sogar recht interessante Ergebnisse; auf der anderen Seite besteht hierbei aber auch gleichzeitig immer die Gefahr, dass die „explizierende" Methode als die „universale Erklärungstechnik" missverstanden wird, und das ist ein schwerwiegender Fehler. Es ist nämlich ein gewaltiger Irrtum zu meinen, dass man z.B. durch die gruppendynamische Erklärung der Verfahrens- und Handlungsweisen von Ernährungswissenschaftler das in dieser Disziplin methodisch Gewonnene relativieren könnte. Die weit verbreitete Ansicht, durch Anwendung bestimmter wissenschaftlicher Methoden Einblicke in die Struktur anderer disziplinärer Kontexte gewinnen zu können, ist insofern eine grobe Verkennung, als die Applikation der Verfahrensweise eines speziellen mikroweltlichen Zusammenhangs auf ein anderes mikroweltliches Gebiet nicht das trifft, was diese andere mikroweltliche Domäne zu erforschen beansprucht. Hierbei handelt es sich de facto um völlig verschiedene Gegenstandsbereiche.(3) Deshalb kann z.B. die gesellschaftswissenschaftliche Behandlung der Geophysik die Resultate und Ergebnisse der geophysikalischen Mikrowelt(en) auch nicht relativieren, eben weil die Soziologie im Falle der hier dargestellten „explizierenden Inter-Mikroweltlichkeit" im Horizont ihrer eigenen Fragestellung, Zielsetzung und Methodik stehen bleibt und sich nicht auf den Objektbereich der Geophysik einlässt (und sich freilich auch gar nicht einlassen kann).

Wiederum wird die eigene ubiquitäre wissenschaftliche Vorgehensweise nicht verlassen, und wiederum bleiben Fragestellung und Methodengebrauch der eigenen mikroweltlichen Disziplin unberührt, weshalb auch die „explizierende" Form der „Inter-Mikroweltlichkeit" mit Sicherheit nicht zum gelingenden mikroweltlichen Handlungsselbstverständnis führen kann.

### B.3) Universalisierender Gebrauch von Mikrowelten

Die verlockendste Applikationsweise in „inter-mikroweltlicher" Hinsicht stellt freilich die sogenannte „universalisierende" Gebrauchsform von „Mikrowelten untereinander" dar.

Ihre Intention weist in Richtung „allgemeinere Erkenntnis", die sie gewissermaßen „mikroweltenübergreifend" anpeilt, ganz so, als ob durch Überschreiten der Einzeldisziplinen eine „universelle Erkenntnis", d.h. so etwas wie „Erkenntnis der Welt im ganzen" tatsächlich möglich wäre.

Wie soll das aber funktionieren? Faktum ist, dass diese Vorgehensweise von „Inter-Mikroweltlichkeit" während der letzten Jahrhunderte einerseits zwar praktiziert wurde, obwohl sich andererseits dabei gleichzeitig folgende Komplikation zeigte: sobald man nämlich den Anspruch der mikroweltenübergreifenden, universellen Erkenntnis stellte, trat natürlich gleichsam das Problem auf, wie man dieses Vorhaben jetzt systematisch-methodisch in Angriff nehmen sollte.

*Methodologische Unklarheit*

Die gewaltige Crux des „universalisierenden Gebrauchs von Mikrowelten" liegt auf der Hand, denn wenn man das Methodenreservoir eines konkreten mikroweltlichen Zusammenhangs verlässt, ergibt sich sofort die Frage, welche Methoden nun anzuwenden sind. Durch Heraustreten aus einem einzelwissenschaftlichen Mikroweltkontext, um – mikroweltenüberschreitend – zu einer „allgemeineren Erkenntnis" kommen zu können, gerät man automatisch und unwillkürlich in die Zwangslage, sich für die Priorität eines Methodenzusammenhangs zu entscheiden. Für gewöhnlich hängt diese Entscheidung natürlich von der Forschungsdisziplin ab, aus der der inter-mikroweltliche Betrachter kommt und in welcher geistesgeschichtlichen Situation er sich gerade befindet. Zum Beispiel wäre es vor dreihundert Jahren unmöglich gewesen, die physikalische Mikrowelt als Vorgehensdominante beim Versuch zu wählen, Erkenntnis von der „Welt im ganzen" zu erlangen. Heute ist die Situation genau umgekehrt: würde man sich beim universalen Erkenntnisvorhaben nicht für einen naturwissenschaftlichen Methodengebrauch entschließen, würde man in Fachzeitschriften nicht publizieren dürfen und hätte auch keine Chance, auf Fachkongresse eingeladen zu werden.

Die Notlage des Entscheidungszwangs wird dem inter-mikroweltlich Agierenden in universalisierender Intention aber zumeist ohnehin nicht explizit bewusst, weil dieser eben stets in einem intellektuellen Zeitkontext steht, in dem vorweg bereits alles entschieden ist. D.h. in jeder geistesgeschichtlichen Situation hat ein bestimmter mikroweltlicher Wirkungszusammenhang eine gewisse „Vorherrschaft" insofern inne, als jener überhaupt als Modell für „wissenschaftliche Welterkenntnis" gilt. Mit dieser Überlegung ist jetzt auch schon die Problematik des sogenannten „führungswissenschaftlichen Anspruchs" thematisiert.(4)

*Führungswissenschaftlicher Anspruch und universalisierende Inter-Mikroweltlichkeit*

Methodische Vorgehensdominanten für „wissenschaftliche Welterkenntniszwecke" waren im Verlauf der kulturgeschichtlichen Epochen und Zeitabschnitte von unterschiedlichen Mikrowelt-Systemen bestimmt. Vom Mittelalter weg bis zur gegenwärtigen Situation lässt sich hier folgende Reihung von Forschungsdisziplinen nachweislich aufzeigen: Theologie – Philosophie – Physik – Biologie – (tendenziell) Informatik.

Ein konkretes disziplinäres Wirkungsfeld dominiert immer beim „universalisierenden Gebrauch von Mikrowelten", was nichts anderes bedeutet, als dass ein bestimmtes mikroweltliches System stets vorgibt, welche Fragen eigentlich interessant sind und – vor allem – wie überhaupt gearbeitet werden muss. Man kann hier auch vom „führungswissenschaftlichen Anspruch" einer Disziplin sprechen; von einem Anspruch, der allerdings höchst problematische Konsequenzen aufweist. Jede inter-mikroweltliche „Führungswissenschaft" determiniert nämlich mit der Methodenvorgabe immer auch schon die Art der Fragestellung. Es macht eben für die Erscheinungsweise, die Qualität des Vorgehens und die Entwicklungsperspektive einer „universalisierenden Inter-Mikroweltlichkeit" einen gewaltigen Unterschied, ob z.B. die Theologie den Ton angibt, oder eine naturwissenschaftliche Domäne. Sind im ersten Fall methodische Ausrichtung und Frageaspekte ausschließlich sinn- und deutungsorientiert, so sind sie im zweiten Fall – zumindest überwiegend – kausalanalytischem Denken verpflichtet.

Die Problematik im führungswissenschaftlichen Anspruch manifestiert sich also darin, dass mit der methodischen Spezifik bereits die Art der Fragestellung, die Wertung der Fragen und auch die Dringlichkeit der Antworten prädisponiert sind. Daraus lässt sich schön die Konsequenz ableiten, dass man durch universalisierenden Gebrauch von Mikrowelten keineswegs zur mikroweltenübergreifenden bzw. mikroweltenexternen d.h. zu allgemeinerer bzw. universeller Erkenntnis von der „Welt im ganzen" gelangt. Vielmehr ist hier durch die Art und Weise der führungswissenschaftlichen Festlegung bereits auch schon das wissenschaftliche Ergebnis bis zu einem gewissen Grad determiniert, weil die spezifische Qualität der Fragestellung vorwegnimmt, welche Phänomene und Phänomenbereiche als essentiell und bedeutsam zu erachten sind und welche ignoriert werden können (selbstrestringierte Bewegungsmöglichkeit im Objekt-Methode-Zirkelkontext).

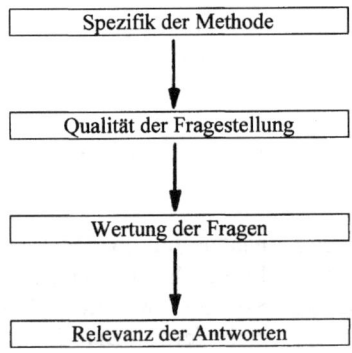

Grafik: führungswissenschaftliche Problematik bzw.
Handlungsstruktur in einem speziellen Objekt-Methode-Zirkel

*Universale Welterkenntnis durch eindimensionale Blickrichtung*

Das Problem der „führungswissenschaftlichen Methode" ist schlichtweg unlösbar. Im Terrain der universalisierenden Applikationsform von „Mikrowelten untereinander" peilt man zwar „universale Erkenntnis" an, oktroyiert dabei aber allen mikroweltlichen Handlungsintentionen und Wirkungsausrichtungen eine ganz bestimmte Qualität des intellektuellen Weltzugangs auf.(5)

Auf diese Weise kann freilich kein befriedigendes und sinnvolles Resultat zustande kommen, weil hierbei nämlich nicht klar wird, wie man zu der speziellen Verfahrensweise kommt, die man benötigt, um überhaupt Fragen stellen, Informationen strukturieren und Antworten konstruieren zu können. An dieser Stelle muss wieder einmal mehr das fundamentale erkenntnistheoretische Argument des Objekt-Methode-Zirkels ins Spiel gebracht werden, weil es natürlich auch für die Wahl und Entscheidung einer „Führungswissenschaft" keine stringenten nichtzirkulären Begründungen gibt, sondern stets nur solche, die schon voraussetzen, dass man die Wirklichkeit bzw. die Welt bloß unter einem spezifischen Aspekt vernünftigerweise betrachten könnte.

Die methodenbedingte Problematik des führungswissenschaftlichen Anspruchs im Kontext der „universalisierenden Inter-Mikroweltlichkeit" macht deutlich, dass auch diese Umgangsform von „Mikrowelten untereinander" nicht aus dem eigenen mikroweltlichen Milieu herausführt, sondern vielmehr im Zentrum des üblichen einzelwissenschaftlichen Tun und Handelns feststeckt. Hier wird insofern noch viel weniger Einblick und Einsicht in die spezifische Qualität der eigenen mikroweltlichen Produktionsstruktur erreicht, weil de facto so gehandelt wird, als ob tatsächlich alles Erforschbare Gegenstand der eigenen bzw. Objekt einer bestimmten Disziplin wäre und nicht auf unterschiedlichste Weise mikroweltlich strukturiert werden könnte.

## 2. Methodische versus metaphysische Verbindlichkeit im mikroweltlichen Kontext

Auffälligerweise haben alle traditionellen Formen und Weisen des Umgangs mit Mikrowelten zumindest der impliziten Tendenz nach eines gemeinsam: nämlich die – bereits mehrfach angesprochene und zumeist unartikulierte – erkenntniszirkuläre Grundauffassung, dass das wissenschaftliche Forschungsobjekt ohnehin nur unter einem ganz bestimmten Aspekt „rational" gesehen werden kann; dass der Untersuchungsgegenstand also tatsächlich nur aus der jeweils eigenen mikroweltlichen Perspektive mit der dazugehörigen spezifischen Methodik erkenntnismäßig in den Griff bekommen werden kann, wenn er objektiv abgebildet, d.h. „absolut verbindlich" dargestellt werden soll.

Absolute Verbindlichkeit

Wenn jetzt aber die Rede von der „objektiven Abbildung" als unsinnig entlarvt werden kann, wie viel Sinn macht dann überhaupt noch das Argument von der „Verbindlichkeit"? Wenn man aus epistemologisch fundierten „objekt-methode-zirkulären" Gründen ohnehin keinen Beobachter-unabhängigen, „außenliegenden Fixpunkt" gewissermaßen als „Forschungs-Ding an sich" annehmen darf, auf den die Erkenntnisleistung hin gerichtet ist, dann bleibt doch automatisch alles irgendwie beliebig, also „unverbindlich" – oder?

Hier gilt es nun abzuklären, was „Verbindlichkeit" im wissenschaftlichen Kontext vernünftigerweise eigentlich bedeuten kann und was darunter keinesfalls verstanden werden darf.

Unsinnig ist zunächst einmal jeder Verbindlichkeitsanspruch, der auf die Meinung bezogen ist, es gäbe einen singulären Weg bzw. es gäbe ausschließlich eine einzige spezifische Methodik, die zur wahren und richtigen Objekterkenntnis führt. Ansprüche dieser Art werden vielfach gestellt im Hinblick auf eine Verbindlichkeit, die eine abbildende oder darstellende sein soll (vgl. Hauptkapitel I). Solcherart gestellte Ansprüche beziehen sich in der Tat auf eine Verbindlichkeit, die vorschreiben kann, welche Schritte gesetzt und welche Maßnahmen durchgeführt werden dürfen, was man faktisch tun und wie man wirklich arbeiten muss, um im wissenschaftlichen Handeln methodisch korrekt, adäquat und effizient vorzugehen. Allerdings ist ein dementsprechend absolutes und objektives Verbindlichkeitsverständnis eine rein fiktionale Angelegenheit, eine metaphysische Spekulation, die keinen Erkenntniswert hat, weil sie im mikroweltlich bedingten Objekt-Methode-Zirkel hängen und gefangen bleibt und daher in epistemologischer Hinsicht auch nichts bringt.(6)

*„Verbindlichkeit" begrifflich differenzieren*

Wer aber nach wie vor die reflexionswissenschaftliche Kenntnis vom „Quantensprungdilemma" ignoriert, die „subjektzentrierte Blickrichtung" ablehnt und am Standpunkt der „absoluten Einsicht" rigoros festhält, der wird auch die Meinung vertreten, dass wissenschaftliches Handeln solange mangelhaft und defizitär bleiben muss, bis die methodische Entwicklung soweit fortgeschritten ist, dass man tatsächlich von objektiver Wirklichkeitserkenntnis sprechen kann. Außerdem wird der gegenstandsfixierte Objektivist hier sofort behaupten: Wenn man den Glauben an so etwas wie „objektive Erkenntnismöglichkeit" aufgibt, relativiert man auch gleichzeitig radikal das wissenschaftliche Tun und löst damit automatisch den Verbindlichkeitsbegriff auf.

Selbstverständlich kann nur für denjenigen die Wissenschaft zu einem bestimmten Zeitpunkt erst „absolut verbindlich" sein, der davon ausgeht, dass es eine erkenntnisbezogene Annäherung (Approximation) an die „objektive Wahrheit" prinzipiell geben könne.

Wer allerdings bereits die Idee von der „objektiven Wahrheit" problematisiert und schon allein deshalb diese Voraussetzung nicht mitmacht, für den hat freilich der absolute und objektive Verbindlichkeitsanspruch keinerlei Bedeutung – aber notabene – nur der „metaphysische", nicht der Verbindlichkeitsbegriff in einem ganz anderen Sinn!

Konkretes mikroweltliches Vorgehen bleibt nämlich sehr wohl auf eine Weise „verbindlich" und zwar insofern, als ja zu erfragen ist, was denn vorausgesetzt werden muss, damit eine spezielle mikroweltliche Leistung überhaupt vollzogen werden kann. Verbindlichkeit in dieser Hinsicht bezieht sich nun auf die transzendentale Frage nach der Bedingung der Möglichkeit einer Handlungsweise. Das ist jene Frage, die sich auf die sogenannte „Rationalitätsstruktur" von wissenschaftlichen Unternehmungen richtet, weshalb man in diesem Zusammenhang auch von „rationaler Verbindlichkeit" sprechen kann, d.h. von einer Form der Verbindlichkeit, die sich jetzt auch epistemologisch hinterfragen lässt.

*Verbindlichkeit trotz freier Wahl*

Verbindlichkeitsidee und Verbindlichkeitsanspruch bleiben daher auch weiterhin sinnvoll und sogar notwendig, nur darf man sie nicht in metaphysischer Art ansetzen, sondern muss sie unter einem „relativen Vorzeichen" verstehen. In wissenschaftlichen Zusammenhängen von Verbindlichkeit zu sprechen macht nur dann Sinn, wenn man dabei auf die methodische Voraussetzung blickt, die eben getätigt werden muss, damit ein bestimmter Argumentationsschritt überhaupt gesetzt werden kann; d.h. Verbindlichkeit im wissenschaftlichen Kontext kann vernünftigerweise ausschließlich auf Verbindlichkeit im methodischen Sinn bezogen sein.

Durch Klärung der rationalen bzw. methodischen Verbindlichkeit einer mikroweltlichen Vorgehensweise erhält man schließlich auch Einsicht in den legitimen Geltungsbereich ihrer gewonnenen Ergebnisse und Resultate – was nichts anderes bedeutet, als dass die Argumentierbarkeit, Kommunizierbarkeit, Diskutierbarkeit und Kritisierbarkeit im Hinblick auf das Phänomen „relative bzw. methodische Verbindlichkeit" gelingen muss, soll Wissenschaft durch Anwendung des undifferenzierten, absoluten und objektiven, d.h. metaphysischen Verbindlichkeitsanspruchs nicht ruiniert werden.

Wissenschaftliche Ergebnisse und Resultate bzw. mikroweltliche Erkenntnisse sind also stets verbindlich relativ zum methodischen Weg ihrer Gewinnung, basieren aber gleichzeitig auf konstruierten, selbstgewählten und hergestellten Voraussetzungen und Bedingungen, d.h. stehen dabei also immer auf einer frei erfundenen Grundlage. In diesem Sinne lässt sich zusammenfassend auch legitim behaupten: wissenschaftliches Wissen ist stets verbindlich und frei gewählt zugleich.(7)

Relative Verbindlichkeit

## 3. Handlungserkenntnis der mikroweltlichen Erkenntnishandlung: von der instrumentellen zur reflexiven Erkenntnis

Die Darstellung der traditionellen Umgangsformen mit Mikrowelten in „intra- und inter-mikroweltlicher" Dimension, insbesondere die Darlegung der Ansprüche, die dabei häufig im Hinblick auf Führungswissenschaftlichkeit und Verbindlichkeit gestellt werden, macht offensichtlich, wie weit entfernt sich diese ubiquitären Anwendungs- und Gebrauchsweisen vom epistemologischen Ziel der „Selbstverständlichmachung mikroweltlicher Konstruktionsleistungen" tatsächlich bewegen.

Weder der übliche Weg von „Intra-Mikroweltlichkeit", noch die gebräuchlichsten Formen von „Inter-Mikroweltlichkeit" leisten auch nur annähernd einen Beitrag zur Entwicklung eines „reflexiven Handlungsverständnisses" für wissenschaftliche Akteure. Im Gegenteil: die Handlungstendenz im naturwissenschaftlichen Terrain verläuft nach wie vor in Richtung rigider Applikation eines dogmatischen Objektivismus, der methodologisch als die einzig rationale paradigmatische Form von wissenschaftlicher Weltzugänglichkeit betrachtet und dessen Produkte und Leistungen insofern auch als absolut verbindlich gewertet werden.

Dabei lässt sich vom epistemologischen Point of View des CR doch schlüssig und nachvollziehbar aufzeigen, dass jede Art von wissenschaftlichem Wissen stets verbindlich und frei gewählt zugleich ist, dass in der Sphäre mikroweltlicher Erkenntnisse vernünftigerweise also nur von Verbindlichkeit im methodischen (relativen) Sinne gesprochen werden kann, niemals aber von absoluter oder objektiver Verbindlichkeit.

*Zwischen Applikation und Reflexion*

Diese methodische bzw. relative Verbindlichkeit, die sich diametral zum metaphysischen Verbindlichkeitsanspruch immer auf die (transzendentale) Frage nach der Bedingung der Möglichkeit einer spezifischen mikroweltlichen Handlungsweise bezieht, zielt jetzt in Richtung „reflexive Selbstverständlichkeit wissenschaftlichen Handelns".

Wer nämlich auf jene Voraussetzungen und Bedingungen zu blicken versucht, die notwendig sind, um bestimmte Argumentationsschritte überhaupt setzen zu können, der bewegt sich schon auf dem „Terrain der Reflexion", d.h. der verweilt nicht länger auf der „instrumentellen" Erkenntnisebene, sondern befindet sich bereits auf „reflexivem" Erkenntnisniveau.

Diese zwei speziellen Erscheinungsformen des Wissens und Erkennens (instrumentelle / reflexive) müssen streng voneinander unterschieden werden. Im instrumentellen Sinne „erkannt" wird freilich bei jeder mikroweltlichen Aktivität, sofern diese gemessen an der eigenen wissenschaftlichen Zielsetzung und Aufgabenstellung zu einem sinnvollen bzw. brauchbaren Ergebnis führt. Instrumentelle Erkenntnisleistungen stehen somit immer in einem disziplinären /subdisziplinären Zusammenhang und richten sich in diesem Kontext auf bestimmte Forschungsobjekte / Gegenstandsbereiche. Im reflexiven Sinne „erkannt" wird allerdings nur dann, wenn erfolgreiche Einsicht in die qualitative Spezifik der eigenen mikroweltlichen Konstruktionsweise und Produktivität tatsächlich gelingt. Reflexive Erkenntnisleistungen richten sich somit auf instrumentelle Erkenntnisleistungen, die immer in einem bestimmten disziplinären /subdisziplinären Zusammenhang stehen.(8)

In vorliegender Schrift wird freilich auf diese beiden verschiedenen Weisen der Erkenntnis – zumindest implizit - ständig bezug genommen, da sie immerhin auch die zentrale Thematik der ET im CR ausmachen. Definitiv dargestellt wurden diese beiden differenten Erkenntnisebenen allerdings noch nicht. Gerade für die epistemologisch-therapeutischen Intentionen im CR ist diese Unterschiedlichkeit aber von so fundamentaler erkenntnistheoretischer Relevanz, dass eine konkrete Erörterung in Form einer klärenden Gegenüberstellung nicht länger ausbleiben kann.

*Zur instrumentellen Form der Erkenntnis: mikroweltliche Erkenntnishandlung*

Allein dass Wissenschaftler mit mikroweltlichen Satzsystemen richtig umgehen bzw. diese korrekt handhaben und adäquat anwenden können, heißt noch lange nicht, dass sie solche Satzsysteme deshalb automatisch auch schon verstanden haben müssen. Wenn man mikroweltliche Handlungsweisen entsprechend appliziert, sodass ein wissenschaftliches System befriedigend funktioniert, bedeutet das zunächst nur, dass man Ableitungsregeln, Zeichengebrauch und Anwendungsprinzipien offenbar richtig gelernt hat und auch richtig beherrscht – im Hinblick auf reflexive Handlungserkenntnis sagt das allerdings noch gar nichts.

Vor allem eines muss man sich hierbei immer wieder klar machen: mikroweltliches Vorgehen hat überhaupt nichts zu tun mit Beschreibungen der Wirklichkeit, sondern ausschließlich damit, wie man sinnvoll und rational Phänomene und Informationen handhaben kann im Hinblick auf die Erreichung wissenschaftlicher Zielsetzungen. Wissenschaftliche Satzsysteme sind in erster Linie Strukturierungsregeln bezogen auf solche Phänomene und Informationen. Sie geben Anweisungen und Instruktionen wie Dinge zu beherrschen und zu verändern sind und liefern insofern technisches Know how, d.h. instrumentelle Erkenntnis, also Wissen über entsprechend sinnvollen Umgang mit einem Gegenstand bzw. Gegenstandsbereich. Die instrumentelle Erkenntnisebene bezieht sich auf die Summe von mikroweltlichen Aussagen, die über die jeweiligen Konstrukte eines bestimmten Wissenschaftsbereichs Anweisungen darüber geben, wie mit speziellen Artefakten umzugehen und was von ihnen zu erwarten ist.(9)

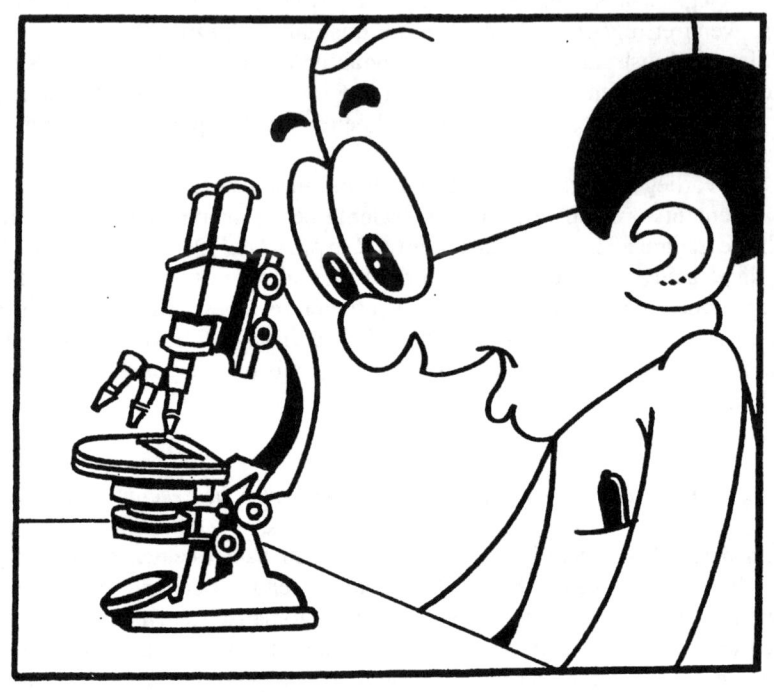

Instrumentelle Erkenntnis

*Technik versus Erkenntnis*

Diese technikbezogene Form der Erkenntnispraxis lässt sich jetzt auch durch folgende charakteristische Handlungsaspekte umschreiben: in einem bestimmten Objekt-Methode-Zirkel kontextuell verbleiben – ein spezielles Sprachspiel reproduzieren – eine funktionierende Mikrowelt konstruieren.

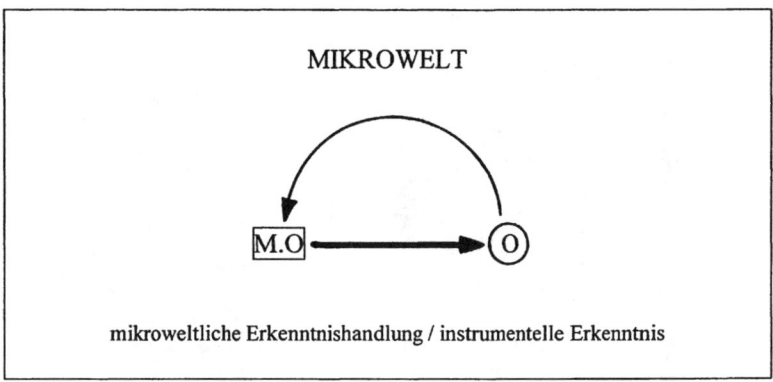

Grafik: instrumentelle Form der Erkenntnis

Wer nun auf der instrumentellen Erkenntnisebene verweilt, sozusagen auf der Stufe der mikroweltlichen Erkenntnishandlung stehen bleibt und nicht mehr beabsichtigt, als dass Konstruktionen hinsichtlich ihrer wissenschaftlichen Zwecke eben funktionieren, der bezieht sich ausschließlich in technischer Weise auf Wissenschaft, nicht aber im Hinblick auf Strukturierungs- und Konstruktionserkenntnis. Der instrumentelle Erkenntnisaspekt basiert auf dem Niveau der reinen Technik, was bedeutet, dass in dieser Perspektive der Unterschied zwischen Wissenschaft und Technik nicht nachvollziehbar ist. Hier konzentriert sich alles auf Applikationsweisen, auf technische Vorgänge, die freilich in vielfacher Hinsicht für unser Leben äußerst hilfreich und daher besonders wertvoll sind, nur kann man in solchen Zusammenhängen und Relationen nicht von „Erkenntnis" sprechen, zumindest nicht von jener Erkenntnisform, die sich auf die spezifische Handlungs- und Herstellungsebene von wissenschaftlich Tätigen bezieht.

Reflexive Erkenntnis

*Instrumentelle Erkenntnis als inner-wissenschaftliche Angelegenheit*

Die instrumentell angewandte Dimension der Erkenntnis im mikroweltlichen Bereich ist allein Gegenstand der wissenschafts-internen Diskussion. Ob eine konkrete Strukturierungs- bzw. Konstruktionsleistung in einem speziellen mikroweltlichen Zusammenhang in instrumenteller Hinsicht seine Aufgaben erfüllt oder nicht, d.h. ob ein spezifisches Sprachspiel korrekt und adäquat funktioniert oder nicht, das sind Fragen, die im intra-mikroweltlichen Kontext erörtert werden müssen. Welche Handlungsweisen und Aktivitätsformen in einem bestimmten disziplinären Terrain anerkannt werden, kann ausschließlich die jeweilige Gemeinschaft von wissenschaftlichen Mikroweltenkonstrukteuren – also die scientific community – selbst feststellen und beurteilen. Gelangt eine scientific community zu der Überzeugung, dass ein bestimmtes System von Artefakten nicht funktioniert, so ist das eine rein inner-wissenschaftliche Angelegenheit, die sich auf dem Niveau der instrumentellen Erkenntnis abspielt.(10)

Epistemologisch interessant, d.h. für die wissenschaftstheoretische Diskussion relevant wird erst jene Situation, in der Wissenschaftler von der Adäquatheit eines spezifischen mikroweltlichen Satzzusammenhangs ausgehen und diesen bei der Lösung von wissenschaftlichen Problemen und Fragestellungen auch erfolgreich anwenden.

*Zur reflexiven Form der Erkenntnis: Handlungserkenntnis der mikroweltlichen Erkenntnishandlung*

Das Funktionieren, die Korrektheit und Angemessenheit mikroweltlicher Satzsysteme, d.h. die Frage der handlungsrelevanten Funktionstechnik bezieht sich auf das Phänomen der instrumentellen Erkenntnis, spielt sich also im Raum der mikroweltlichen Erkenntnishandlung ab und wird ausschließlich innerhalb der einzelwissenschaftlichen Disziplin diskutiert.

Im Unterschied dazu, dreht sich in der ET des CR alles um die Frage der reflexiven Herstellungs-, Produktions-, Strukturierungs- bzw. Konstruktionserkenntnis bezogen auf die spezielle mikroweltliche Handlungsweise von Wissenschaftlern. Hier geht es also um die Frage, welche Handlungen nötig sind, um bestimmte Aussagesysteme überhaupt konstruieren und in weiterer Folge auch anwenden zu können. Deshalb richtet die ET im CR ihre epistemologische Aufmerksamkeit ganz auf den relativen Geltungsraum und den methodischen Verbindlichkeitsbereich eines disziplinären Wirkungsfeldes und ist interessiert an einer gelingenden Re-Konstruktion der Spezifität eines mikroweltlichen Argumentationskontextes. Gegenstand der wissenschaftstheoretisch-epistemologischen Diskussion ist somit die erkenntnisfördernd-selbstreflexive Dimension im Terrain mikroweltlicher Aktivitäten, weshalb in der ET auch die Thematik der verstehensrelevanten Reflexionstechnik im Zentrum des Interesses steht, da erfolgreiche und befriedigende „Selbst-Erkenntnis" angepeilt werden soll.(11)

*Blick aufs eigene System*

Solange man sich aber als wissenschaftlich Handelnder im technischen Sektor eines mikroweltlichen Zusammenhangs bewegt, gelangt man zu keiner reflexiven, auf den eigenen Handlungskontext bezogenen Erkenntnis, weil eine solche nur dann gelingen kann, wenn man aus dem eigenen System heraustritt, ihm gegenübersteht, es zum Objekt der Betrachtung macht, um es tatsächlich „verstehen" zu können. In diesem Sinne lässt sich jetzt auch die reflexive Form der Erkenntnispraxis durch charakteristische Handlungsaspekte umschreiben: einen bestimmten Objekt-Methode-Zirkel verlassen – aus einem speziellen Sprachspiel aussteigen – aus einem funktionierenden Mikroweltkontext heraustreten.

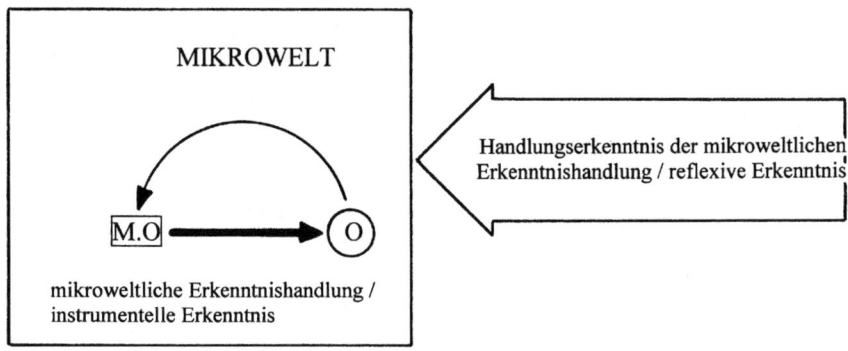

Grafik: reflexive Form der Erkenntnis

Wer hingegen in seiner Mikrowelt, in seinem Sprachspiel, in seinem Objekt-Methode-Zirkel drinnen bleibt, der versteht seine Mikrowelt, sein Sprachspiel, seinen Objekt-Methode-Zirkel nicht und kann daher auch nicht von Erkenntnis im reflexiven Sinne sprechen.

Gerade die ET im Kontext des CR sieht jetzt aber ihre dringlichste Aufgabe darin, dasjenige bewusst zu machen, was getan wird, wenn man als Wissenschaftler instrumentell erkennt bzw. mikroweltliche Erkenntnishandlungen vollzieht. Um es nochmals zu sagen: der ET im CR geht es keinesfalls darum, bei der vielfach intendierten Wirklichkeits-, Welt- oder Naturerkenntnis behilflich zu sein; sie möchte bloß ihre Unterstützung zur erkenntnisbezogenen Klärung anbieten, auf welche spezifische Weisen man Realität sinnvoll strukturieren und konstruieren kann. Im Unterschied zur wissenschaftlichen Anwendung, bei der sich alles um die Frage der technischen Verwertbarkeit dreht, soll nämlich durch wissenschaftstheoretische Reflexion vielmehr „dem Sinn nach" einsichtig gemacht werden, was der Wissenschaftler großartiges zustandebringt, wenn er methodisch-systematisch vorgeht.(12)

Auf dem Weg zu einem reflexiven Handlungsverständnis...

Gelingende Handlungserkenntnis der mikroweltlichen Erkenntnishandlung wird ins epistemologisch-therapeutische Visier genommen, weil es schließlich konkret Einblick zu gewinnen gilt in dasjenige, was Wissenschaftler tatsächlich tun, wenn sie eben gerade dabei sind, Wissen zu schaffen.

## 4. Auf dem Weg zu einem reflexiven Handlungsverständnis

Wie gesagt: Steht man als praktizierender Wissenschaftler in seinem mikroweltlichen Kontext und arbeitet darin mit spezifischen Aussagensystemen, kann man keine reflexive Erkenntnis erzielen. Diese grundlegende Einsicht geht eigentlich auf Ludwig Wittgenstein zurück, der philosophische Überlegungen zur Problematik der Selbstverständlichkeit von Sprachspielen anstellte. Dabei gelangte Wittgenstein zur Auffassung, dass, wer ein Sprachspiel spielt, sich innerhalb dieses Sprachspiels nicht klar machen kann, was er tatsächlich tut, weil er hierbei bestimmte Spielregeln anwendet und insofern auf diese Regeln auch nicht zu blicken vermag. Ein disziplinäres Sprachspiel, d.h. eine spezifische Weise des wissenschaftlichen Argumentierens strukturiert ein Forschungsobjekt bzw. einen Gegenstandsbereich in irgendeinem bestimmten Sinn, nur kann dabei dieser angewandte Argumentationszusammenhang - in seiner ihm eigenen „Objekt-Methode-Zirkularität" - von sich aus eben nicht verstanden oder erkannt werden.(13)

Wie soll man aber etwas überblicken und feststellen können, das man die ganze Zeit über appliziert? Wie lässt sich erkennen, welche Voraussetzungen man im konkreten mikroweltlichen Handeln macht, wenn man bloß auf herkömmliche Art und Weise vorgeht?

Offensichtlich fehlt hier die nötige Distanz, weshalb von einem „internen", „inner-mikroweltlichen" Standpunkt aus auch gar nichts reflexiv selbstverstanden werden kann. Dazu braucht man vielmehr eine „externe", „außermikroweltliche" Perspektive, von wo aus sich dann Überblick und Übersicht bzw. Einblick und Einsicht in eigene wissenschaftliche Handlungsvollzüge und Vorgehensweisen überhaupt erst gewinnen lassen. Nur durch systematische Veränderung des Gesichtspunktes, sozusagen durch „Perspektiven-Verschiebung", kann man es schaffen, den eigenen mikroweltlichen Status quo tatsächlich zum Objekt der Betrachtung zu machen.

*Exotische Umgangsform mit Mikrowelten*

Keine wissenschaftliche Aktivität kann im Terrain ihrer eigenen Begrifflichkeit, d.h. im Kontext ihrer mikroweltlichen Terminologie also „selbst-verständlich" werden. Kein einziges Sprachspiel lässt sich von sich aus verstehen, weil man in einem konkreten Zusammenhang den Blick nicht frei bekommt auf diesen konkreten Zusammenhang.

...durch Veränderung der Perspektive

Wie ist es aber – so fragt man jetzt in der ET des CR, wenn ein Satzsystem, eine Aussagenstruktur oder eine Argumentationsweise aus einer speziellen mikroweltlichen Domäne, aus einem bestimmten disziplinären / subdisziplinären Umfeld herausgenommen und in einen ganz anders gearteten, heteromorphen Kontext transponiert wird? Was passiert, wenn man konkrete Sinnzusammenhänge aus einem Sprachspiel, aus einer Mikrowelt bzw. aus einem disziplinären / subdisziplinären Raum löst und in ein völlig fremdes Sprachspiel, in eine völlig fremde Mikrowelt bzw. in einen völlig fremden disziplinären / subdisziplinären Raum stellt?(14)

Eventuell gelingt ja gerade durch Anwendung einer derart radikalen Strategie, die auf eine ganz und gar „exotische" Umgangsform mit Mikrowelten zielt, die geforderte Veränderung der üblichen Blickrichtung und Sichtweise wissenschaftlich Handelnder. Eine solche Verschiebung der eigenen Perspektive erweist sich jedenfalls dann als absolut unumgänglich, wenn man als Mikroweltenkonstrukteur tatsächlich auch eine befriedigende Handlungserkenntnis der mikroweltlichen Erkenntnishandlung anstrebt.

*Anmerkungen:*

(1) Vgl. Wallner, Fritz: Konstruktion der Realität. Von Wittgenstein zum Konstruktiven Realismus. WUV Universitätsverlag, Wien 1992

(2) Vgl. Peschl, Markus F. (Ed): Formen des Konstruktivismus in Diskussion. Materialien zu den „Acht Vorlesungen über den Konstruktiven Realismus". WUV Universitätsverlag, Wien 1991

(3) Vgl. Wallner, Fritz: Acht Vorlesungen über den Konstruktiven Realismus. WUV Universitätsverlag, Wien 1992

(4) Vgl. Peschl, Markus F. (Ed): Formen des Konstruktivismus in Diskussion. Materialien zu den „Acht Vorlesungen über den Konstruktiven Realismus". WUV Universitätsverlag, Wien 1991

(5) Vgl. Wallner, Fritz: Acht Vorlesungen über den Konstruktiven Realismus. WUV Universitätsverlag, Wien 1992

(6) Vgl. Wallner, Fritz; Schimmer, Josef; Costazza, Markus (Ed.): Grenzziehungen zum Konstruktiven Realismus. WUV Universitätsverlag, Wien 1993

(7) Vgl. Wallner, Fritz: Acht Vorlesungen über den Konstruktiven Realismus. WUV Universitätsverlag, Wien 1992

(8) Vgl. Wallner, Fritz: Acht Vorlesungen über den Konstruktiven Realismus. WUV Universitätsverlag, Wien 1992

(9) Vgl. Wallner, Fritz: Die Verwandlung der Wissenschaft. Vorlesungen zur Jahrtausendwende. Verlag Dr. Kovac, Hamburg 2002

(10) Vgl. Wallner, Fritz: Die Verwandlung der Wissenschaft. Vorlesungen zur Jahrtausendwende. Verlag Dr. Kovac, Hamburg 2002

(11) Vgl. Wallner, Fritz: Acht Vorlesungen über den Konstruktiven Realismus. WUV Universitätsverlag, Wien 1992

(12) Vgl. Wallner, Fritz: Wissenschaft in Reflexion. Braumüller Verlag, Wien 1992

(13) Vgl. Wallner, Fritz; Agnese, Barbara (Hrsg.): Von der Einheit des Wissens zur Vielfalt der Wissensformen. Erkenntnis in Philosophie, Wissenschaft und Kunst. Braumüller, Wien 1997

(14) Vgl. Wallner, Fritz; Agnese, Barbara (Hrsg.): Von der Einheit des Wissens zur Vielfalt der Wissensformen. Erkenntnis in Philosophie, Wissenschaft und Kunst. Braumüller, Wien 1997

## V. Zum Erkenntnis-Ziel der ET: Anleitung zur methodischen Selbstreflexion für wissenschaftlich Handelnde im CR

Struktur des 5. Hauptkapitels

1. Handlungserkenntnis der mikroweltlichen Erkenntnishandlung durch Veränderung der Perspektive
   - Vom Widerspruch zur passive knowledge
   - Abstand und Distanz durch Fremd-Machen

2. Theater des Wunderns: „Verfremdung" im dramaturgischen Programm bei Bertolt Brecht
   - Herausreißen und aus der Rolle fallen
   - Schule der Selbsterkenntnis: staunen – wundern – ändern

3. Strangification: „Verfremdung" im wissenschaftstheoretischen Programm der ET des CR
   - Extrahieren und Implantieren
   - Idealer Verfremdungskontext: Alltagssprache
   - Systematische Förderung von Selbsterkenntnis

4. Zur charakteristischen Spezifik der methodischen Verfremdung
   - Strangification versus logische Analyse
   - Kreatives Experiment ohne Erfolgsgarantie

5. Wissenschaftliche Handlungsfreiheit durch methodische Verfremdung
   - Epistemologische Mündigkeit und wissenschaftstheoretische Emanzipation
   - Selbsterkenntnis, Argumentationsvielfalt und Handlungsfreiheit in der Wissenschaft

## 1. Handlungserkenntnis der mikroweltlichen Erkenntnishandlung durch Veränderung der Perspektive

Wenn die Strukturierungsqualitäten bestimmter Mikroweltsysteme für ihre Konstrukteure im reflexiven Sinne „selbst-verständlich" werden sollen, so funktioniert das nur über den Weg einer systematischen Veränderung des eigenen Gesichtspunktes, weil man auf einen Kontext nur dann zu blicken vermag, wenn man sich nicht mehr in diesem Kontext befindet.

### *Vom Widerspruch zur passive knowledge*

Da ein mikroweltlicher Aussagenzusammenhang also von sich aus nicht verstanden werden kann, schlägt die ET im CR nun eine Taktik vor, bei der es die sprachliche Form eines speziellen Theorems so zu verändern gilt, dass dieses Theorem im Hinblick auf einen anders strukturierten Sprachspielkontext zur Darstellung gebracht werden kann.

Auf diese Art wird das Theorem zwar einerseits verständlich erscheinen, andererseits wird es wohl in mancher Hinsicht aber auch ziemlich widersinnig wirken. Gerade in der Provokation kontextueller Umstände, in denen ein Wissenschaftler mit Widersprüchen, Irritationen und Hindernissen, die für ihn von reflexiver Bedeutung sind, bewusst konfrontiert wird, liegt jetzt die große Kunst der epistemologischen Therapie. Erst dieser „Aspekt der Absurdität" gibt nämlich einen Hinweis darauf, was im Herkunftskontext eigentlich immer schon stillschweigend vorausgesetzt sein muss, damit dieses Theorem dort überhaupt als sinnvoll gelten kann.

Im Zusammenhang mit solchen unbemerkten bzw. unbeachteten Voraussetzungen, die jeder wissenschaftlichen Aktivität prinzipiell zugrunde liegen, spricht man auch von „passive knowledge". Durch wiederholte Anwendungen der angedeuteten Verfahrensweise können gewisse Aspekte des passive knowledge potentiell herausgearbeitet und transparent gemacht werden, was nichts anderes bedeutet, als dass es durch mehrmaligen Wechsel in fremde Sinnzusammenhänge tatsächlich gelingen kann, so manche unreflektierte Voraussetzung und unverstandene Grundannahme sichtbar zu machen.(1)

### *Abstand und Distanz durch Fremd-Machen*

Bei dieser speziellen Strategie der Perspektiven-Veränderung in der ET des CR handelt es sich also vorerst einmal um den systematischen Versuch, Abstand und Distanz zu den üblichen Handlungsvollzügen im eigenen Mikroweltsystem zu gewinnen.

Theater des Wunderns

Zu diesem Zweck sollen die spezifischen Weisen des wissenschaftlichen Vorgehens aus ihrem genuinen Zusammenhang bewusst „herausgenommen", in fremdartige Rahmenbedingungen „hineingestellt" und in weiterer Folge auch „betrachtet" werden. Nur wenn Vertrautes „fremd" gemacht wird, lässt es sich nämlich erst „bestaunen" und möglicherweise auch „verändern".

Die erkenntnistheoretische Idee des „Fremd-Machens" wissenschaftlicher Handlungen erinnert an die bekannte künstlerische Strategie der sogenannten „Verfremdungs-Effekte" im Theater bei Bertolt Brecht. Da sich hier de facto eine interessante Parallele im methodischen Vorgehen zweier unterschiedlicher Domänen zeigt, soll zunächst kurz auf die dramaturgische Funktion der künstlerischen „Verfremdung" von Brecht eingegangen werden, bevor die epistemologische Zielsetzung der wissenschaftstheoretischen „Verfremdung" der ET im CR konkret diskutiert wird.

## 2. Theater des Wunderns: „Verfremdung" im dramaturgischen Programm bei Bertolt Brecht

Der deutsche Dramatiker Bertolt Brecht (1898-1956) war bekannt für seine dramaturgischen Experimente. Unter anderem entwickelte er das sogenannte „epische Theater", worunter er eine Form von darstellender Kunst verstand, die primär „Demonstrationsfunktionen" zu erfüllen hatte und auf „Publikumsbelehrung" ausgerichtet war.

Für die praktische Umsetzung und Anwendung seines „epischen Theaters" hat Brecht eine Unmenge von Anregungen, Impulsen und Ideen aus den unterschiedlichsten künstlerischen und lebensweltlichen Feldern aufgegriffen, teils übernommen und teils auch umfunktioniert. Brecht machte in diesem Zusammenhang viele Erfindungen und probierte unermüdlich alles Mögliche aus, was ihm für seine Zwecke nützlich und brauchbar erschien. Schließlich schrieb er auch die Ergebnisse seiner Versuche in umfangreichen theoretischen Schriften nieder und war stets dazu bereit, nach neuen Experimenten etwaige Revisionen vorzunehmen.

### *Herausreißen und aus der Rolle fallen*

Die Pointe des epischen Theaterkonzepts liegt darin, dass der Zuschauer dazu gebracht werden soll, gesellschaftliche Kritik an den Vorgängen auf der Bühne zu üben. Der Theaterbesucher soll zur Einsicht gelangen, dass die Welt veränderungsbedürftig ist, dass sie tatsächlich verändert werden kann und dass sich die Beteiligung an dieser Weltveränderung auch lohnt. Damit aber der Zuschauer wirklich in die Lage gerät, überhaupt Kritik üben zu können, ist es zunächst erforderlich, dass er lernt „Abstand" zu gewinnen - und zwar „Abstand" sowohl von den Figuren und Gestalten auf der Bühne, als auch „Abstand" von sich selbst, d.h. von seinen eigenen Sicht- und Handlungsweisen. Deshalb muss er gewissermaßen aus dem Spiel „herausgerissen" werden, damit er über das Spiel nachdenken und es betrachten kann.

Zu diesem Zweck entwickelte Brecht eine polymorphe Methodik, die unter dem Begriff „Verfremdung" bekannt wurde. Mit „verfremdender" Strategie kämpfte Brecht z.B. gegen die damals noch weit verbreitete Auffassung an, das Theater würde den Alltag imitieren. Diese „Illusion" vertrieb er, indem er auf der Bühne nur noch jene Bauteile und Requisiten zuließ, die für das Spiel unbedingt gebraucht wurden, d.h. dramaturgische Funktion hatten – also etwa ein freistehender Türrahmen mit Tür aber ohne Wände etc. etc. Mit solchen Darstellungseffekten wollte Brecht das Bewusstsein des Publikums immer wieder von neuem darauf lenken, dass mit Theaterrequisiten eben ausschließlich Theater gespielt wird. Auch der Schauspieler darf sich bei Brecht nicht mehr in seine Rolle bloß einleben, er muss zugleich neben ihr stehen, d.h. er muss fähig sein zu zeigen, wie er sich die Figur denkt, die er spielt. Anstelle des „Spielens einer Figur" tritt so vielmehr ein „Vorzeigen von Verhaltensweisen", weshalb der darstellende Künstler bei Brecht vom „Versteller" zum „Vorführer" mutiert. Zu den eindrucksvollsten Mitteln der dramaturgischen Verfremdung bei Brecht gehören z.B. das Benutzen von „starren Masken", die stets als aufgesetzte Masken auch für die Zuschauer kenntlich sind; das bewusste „Aus-der-Rolle-fallen" sowie das „Ansprechen des Publikums" durch Rede, Ballade oder Lied.

*Schule der Selbsterkenntnis: staunen – wundern - ändern*

Durch die soeben vorgestellten Verfahrensweisen und auch noch andere Techniken werden also bei Brecht bekannte Abläufe, Vorgänge oder Menschen derart „verfremdet", d.h. „fremd gemacht", sodass der Zuschauer sie wie zum erstenmal ganz neu erlebt und damit eine völlig andere Sichtweise entwickeln kann. Es liegt jetzt ganz in Brechts Absicht, wenn der Theaterbesucher tatsächlich über vertraute Zustände, Situationen und Prozesse, nachdem sie ihm auf der Bühne fremd gemacht worden sind, plötzlich erstaunt und sich derart wundert, dass er beschließt sie zu ändern. Mehr noch: Der einzelne Zuschauer soll sich letztlich auch über den Menschen – und damit über sich selbst – wundern und diesen bzw. sich selbst nicht nur betrachten „wie er ist", sondern vor allem „wie er sein könnte".

„Verfremdung" in Brechts Verständnis zielt somit auf die Entfernung und Wegnahme des „Vertrauten" im Zusammenhang mit gesellschaftlichen Zuständen und Vorgängen, denn gerade diese „Vertrautheit" verhindert die notwendigen und möglichen „Veränderungen". Auf diese Weise wird das Theater seinerseits „verfremdet" in eine Art „Schule der Selbsterkenntnis": die Schauspieler erfüllen gewissermaßen essentielle didaktische Funktionen und der Regisseur bzw. Autor wird zum Oberlehrer, der das – in eine Schulklasse verwandelte – Publikum ständig mit der Frage konfrontiert: „Was können wird daraus lernen?"

Resümierend lässt sich zum Verfremdungsbegriff bei Bertolt Brecht festhalten, dass er den Sinn der „Verfremdungs-Effekte" im Rahmen seiner dramaturgischen Experimente darin sah, das Theaterpublikum zum Eingriff in gesellschaftliche Prozesse, d.h. zu umfassenden Veränderungsaktivitäten zu motivieren.(2)

## 3. Strangification: „Verfremdung" im wissenschaftstheoretischen Programm der ET des CR

Vergleicht man Intention und Funktion der dramaturgischen Vorgehensweise bei Brecht mit dem erkenntnistheoretischen Plan der ET im CR, so könnte man hier durchaus von „Isomorphie im methodischen Anspruch" sprechen. Schließlich geht es in beiden Praxisfeldern um „Distanz zum Vertrauten", ums „Fremdmachen durch Entfernung und Wegnahme", ums „Erstaunen und Verwundern" und um „Erkenntnis und Veränderung".

Was Bert Brecht im künstlerischen Kontext seines epischen Theaters ansetzt und bezweckt, das versucht die ET des CR in ihrem wissenschaftstheoretischen Programm durch Anwendung von Verfremdung für wissenschaftlich Handelnde zu erwirken – nämlich: Chance auf potentielle Veränderung eigener Aktivitäten durch systematische Förderung von Selbst-Erkenntnis.

*Extrahieren und Implantieren*

Das primäre Ziel des erkenntnisfördernden Verfahrens der Verfremdung bzw. „Strangification" in der ET besteht also darin, durch Veränderung der genuinen Rahmenbedingungen unartikulierte Vorentscheidungen und unbesprochene Grundannahmen einer theoretischen Strukturierung sichtbar zu machen. Das formale Handlungsschema des Verfremdungsprozesses lässt sich dabei recht simpel skizzieren: Ein wissenschaftliches Satzsystem (S) wird aus seinem Herkunftskontext (Ks) herausgenommen und in einen völlig fremden Kontext (Kx) gestellt. Konkret betrachtet untergliedert sich die Verfremdungshandlung also in einen analytischen und einen synthetischen Teilvorgang, wobei im Prozess der Analyse versucht wird, ein Aussagensystem aus seinem Kontext herauszulösen, um dieses - im neutral-isolierten Zustand - in einen anderen Kontext verlagern zu können. Im Prozess der Synthese wird dieses separierte Aussagensystem sodann in den fremden Kontext eingepasst, d.h. in einen neuen Zusammenhang eingearbeitet und angewandt.

Kontextwechsel

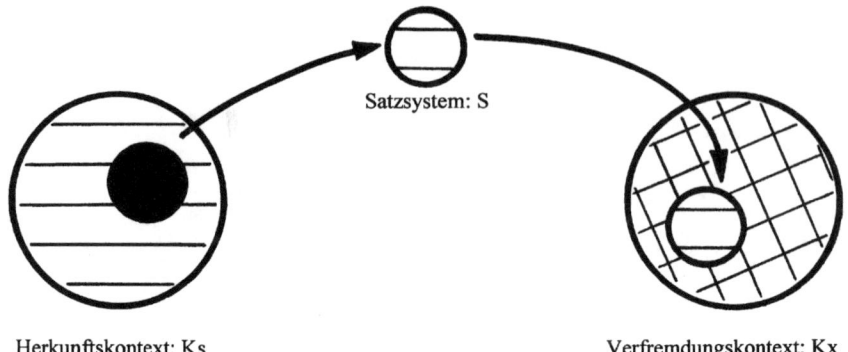

Herkunftskontext: Ks                    Verfremdungskontext: Kx

Grafik: Modell der methodischen Verfremdung / Strangification

In praktischer Hinsicht bedeutet das jetzt, dass durch Strangification bestimmte Axiome, Postulate, Prinzipien, Formeln, Grundsätze, Kategorien, Thesen etc. aus ihrem eigentlichen disziplinären / subdisziplinären Entstehungs- und Verwendungszusammenhang „extrahiert" und versuchsweise in einen heterogen strukturierten wissenschaftlichen, philosophischen, künstlerischen, religiösen, lebensweltlichen etc. Anwendungskontext „implantiert" werden, um auf diese Weise bis dato Unbemerktes und Unerkanntes („implizites Wissen") verstehbar und diskutierbar zu machen.(3)

Für intendierte Verfremdungsakte eigenen sich nun in erster Linie mikroweltliche Kontexte aus anderen einzelwissenschaftlichen Disziplinen bzw. Subdisziplinen. In diesem Zusammenhang kann man selbstverständlich auch vom „verfremdenden Umgang mit Mikrowelten untereinander" sprechen. Jedoch sind die epistemologisch-therapeutischen Möglichkeiten im CR keineswegs auf die Form der „verfremdenden Inter-Mikroweltlichkeit" beschränkt. Als Verfremdungskontexte können ebenso philosophische Sinnzusammenhänge, künstlerische Bereiche, religiöse Gebiete oder auch lebensweltliche Handlungsfelder herangezogen werden.

*Idealer Verfremdungskontext: Alltagssprache*

Verfremdungsaktivitäten können gerade im Hinblick auf den Lebensweltkontext äußerst furchtbare Ergebnisse hervorbringen, wenn dabei das mikroweltliche Konstrukt aus dem Rahmen einer genuinen Spezialistensprache herausgenommen und in die Alltagssprache übertragen wird. Immerhin handelt es sich ja bei jedem wissenschaftlichen Sprachspiel ausschließlich um eine spezielle Anweisungssprache zur Produktion und Reproduktion bestimmter Erkenntnishandlungen innerhalb einer konkreten scientific community. Wird jetzt der Versuch unternommen, eine solche mikroweltliche Expertensprache in die lebensweltlich praktizierte Alltagssprache einer größeren Gemeinschaft von Menschen zu übersetzen, so mag das für den Wissenschaftler tatsächlich einen reflexiven Erkenntnisgewinn bringen. Die erkenntnisfördernde Pointe bei der Strangification durch die Lebenswelt liegt nämlich darin, dass - im Unterschied zur reduzierten Spezialistensprache, die begriffliche Konstruktbehandlungen immer schon auf spezifische Transformationsweisen restriktiv festlegt - erst über die Alltagssprache vielfältige und differenzierte Umgangsformen mit einem bestimmten Konstrukt möglich werden, was schließlich zu erfolgreicher Handlungserkenntnis von mikroweltlichen Erkenntnishandlungen führt.(4)

*Systematische Förderung von Selbsterkenntnis*

Mittels Strangification möchte die ET im CR somit konkret dazu anregen, durch mikroweltlichen Kontextwechsel, d.h. durch „Ausstieg" aus einem bestimmten Sprachspiel und „Einstieg" in ein anderes Sprachspiel die eigene Sprache bzw. die eigene mikroweltliche Begrifflichkeit so zu variieren, dass plötzlich Begriffe eingeführt werden, die vorher nicht verwendet wurden und die schließlich auch den impliziten Hintergrund des eigenen mikroweltlichen Satzsystems explizit, d.h. begreifbar machen. Strangification soll demnach eine epistemologische Verfahrensweise darstellen, durch die Hintergrundeinsichten in das eigene Herkunftssystem erfolgreich erzielbar sind, indem man mit den Zeichen eines anderen Sprachspieles erst sehen lernt, was im eigenen ausgeklammert war, was stillschweigend vorausgesetzt war und wo überhaupt die Grenzen der Sinnhaftigkeit des eigenen Sprachspiels liegen – mit anderen Worten: Strangification soll dabei helfen, das eigene Sprachspiel durch ein anderes Sprachspiel zu verstehen.(5)

4. Zur charakteristischen Spezifik der methodischen Verfremdung

Wenn eine wissenschaftstheoretische Methode die Generierung reflexiver Erkenntnisakte bezweckt, d.h. erfolgreiches Handlungsselbstverständnis von Wissenschaftlern im Visier hat, so werden primär epistemologische Ansprüche auf hermeneutischer Basis verfolgt, was bedeutet, dass die Spezifik der epistemologisch-therapeutischen Zielsetzung einer „Sprachspiel-Selbstverständlichkeit" offensichtlich in auffallendem Kontrast zu den herkömmlichen Techniken der traditionellen Wissenschaftsphilosophie steht. Exemplarisch soll daher kurz die Gegensätzlichkeit zwischen Strangification und dem klassischen Verfahren der logischen Analyse skizziert werden, um auch aus einer methodenkomparativen Perspektive die typische Eigenart der konstruktiv-realistischen Verfremdungshandlung etwas zu beleuchten.

*Strangification versus logische Analyse*

Die epistemologisch-therapeutische Methode der Verfremdung im CR unterscheidet sich nun vom logisch-analytischen Instrumentarium der traditionellen Wissenschaftstheorie in mehrfacher Hinsicht. Zunächst funktioniert die Praxis der Strangification im Vergleich zur logischen Analyse nur inhaltsbezogen. Verfremdungen können nicht unabhängig vom jeweiligen Inhalt durchgeführt werden, da sie sich stets auf konkret vorliegende Sinnzusammenhänge richten, was selbstverständlich auch den „verfremdenden" Umgang mit „logische Strukturen" betreffen würde. Aus diesem Grund ist die Verfremdungshandlung gegenüber der logischen Analyse auch ausschließlich situationsbezogen und inhaltsabhängig.

Ein weiterer Unterschied zwischen logisch-analytischem Vorgehen und der Strangification-Technik liegt in der sogenannten „frei wählbaren Normativität" verfremdender Aktivitäten. Während die logische Analyse nämlich auf gewisse Minimalregeln und Minimalaxiome angewiesen ist, verlangt gerade jeder einzelne Akt einer Verfremdungsprozedur die Produktion und Variation konkreter Handlungsregeln. Zum Beispiel darf man bei der verfremdenden Unternehmung durchaus auf einer Metaebene argumentieren, wobei diese Metaebene freilich jederzeit genauso wieder verlassen werden kann. Aber auch der wiederholte Wechsel von Objekt- und Metaebene ist im Verfremdungsdiskurs gestattet und legitim. Der einzig notwendige Minimalkonsens, welcher auch eine Minimallogik fordert, ist nur auf der Ebene des Sprechens über die Methode der Strangification vonnöten.(6)

*Kreatives Experiment ohne Erfolgsgarantie*

Der Grund, warum es für die Verfremdungstechnik prinzipiell kein festgesetztes Regelwerk geben kann, liegt in der qualitativen Spezifik dieses Verfahrens selbst. Strangification, als erkenntnistheoretisches Vorgehen der ET im CR, ist so strukturiert, dass sie nur strategische Vorschläge und Anleitungen liefern kann, die wiederum von den jeweils konkret angestrebten Zielen wissenschaftlich Handelnder abhängig sind. Angebotene Strategien und Taktiken dieser Art sind freilich selbst stets revisionsfähig, weshalb es auch unmöglich ist, a priori eindeutige Erfolgs- oder Misserfolgkriterien für die Verfremdungshandlung anzugeben.

Strangification und logische Analyse

Für gelingende Strangification gibt es also keinerlei Erfolgsgarantie. Zwar lässt sich jetzt nicht antizipativ behaupten, dass Verfremdung als applizierte Erkenntnisweise in jedem Fall funktioniert, nur muss hier gleichzeitig auch daran erinnert werden, dass alle traditionellen Formen wissenschaftstheoretischer Systeme immerhin radikal gescheitert sind bei ihrem Versuch, Hilfestellungen zur Entwicklung eines adäquaten Handlungsselbstverständnisses für wissenschaftliche Akteure zu bieten.(7)

Grundsätzlich kann man sagen, dass der reflexionswissenschaftliche Wert der Strangification ohnehin nur anwendungsbezogen dadurch zu eruieren und zu „bemessen" ist, indem eben konkret verfremdet wird. Im Zuge aktiver Verfremdungshandlungen lässt sich dann erst abschätzen, wie nützlich sich die Reflexion eines Satzsystems unter veränderten kontextuellen Bedingungen für die Betrachtung und Beurteilung desselben Satzsystems im eigentlichen Verwendungszusammenhang tatsächlich erweist. Einen gelungenen und sinnvollen Verfremdungsakt erkennt man „a posteriori" nur daran, ob er in weiterer Folge ein Überdenken der üblichen wissenschaftlichen Umgangsformen zu bewirken vermag und eventuell sogar eine Veränderung des mikroweltlichen Satzsystems nach sich zieht.

## 5. Wissenschaftliche Handlungsfreiheit durch methodische Verfremdung

Um nun das Ausmaß der epistemologischen Bedeutung und wissenschaftstheoretischen Relevanz von Verfremdungsaktivitäten im CR einigermaßen entsprechend abschätzen und erfassen zu können, soll noch ein resümierender Blick auf den kreativen Handlungsspielraum geworfen werden, der sich in der Folge einer gelungenen epistemologisch-therapeutischen Strangification für mikroweltlich Handelnde einstellt.

*Epistemologische Mündigkeit und wissenschaftstheoretische Emanzipation*

Insgesamt betrachtet, könnte man jetzt die ET im CR auch als „wissenschaftspädagogisches Fundamentalprogramm" klassifizieren, da die epistemologisch-therapeutische Intention des CR der klassischen Zielvorstellung einer „mündigkeitsfördernden Erziehungspraxis" offensichtlich sehr nahe steht. Die erstrebenswerte „epistemologische Mündigkeit" im wissenschaftstheoretischen Sinne der ET bezieht sich dabei auf die Fähigkeit und Bereitschaft des wissenschaftlich Handelnden, mikroweltliche Aktivitäten aus eigener Vernunft, gestützt auf Einsicht und kritisches Urteil, durch selbständige Entscheidungen verantwortlich durchzuführen, was auch ein fortwährendes Bemühen um die Verbesserung der intra- und interdisziplinären Handlungsverhältnisse einschließt, da die Mündigkeit

Handlungsfreiheit!

des einzelnen Forschers und Wissenschaftlers auf eine mündige scientific community angewiesen ist.

Die Verwirklichung einer so verstandenen epistemologischen Mündigkeit für wissenschaftlich Handelnde kann praktisch jederzeit in Angriff genommen und angestrebt werden, weil bei selbstorganisierten wissenschaftlichen Wissensprozessen jede Relation zwischen hergestellten Informationen grundsätzlich reflektierbar ist, somit prinzipiell hinterfragbar und potentiell veränderbar bleibt, weshalb Wissenschaft – in instrumenteller und reflexiver Erkenntnishinsicht - auch nicht zu einem Ende kommen kann.

Der erfolgreich etablierte Status quo einer epistemologischen Mündigkeit im wissenschaftlichen Handlungsfeld bedeutet gleichzeitig immer auch Befreiung von ungerechtfertigter und unvernünftiger Abhängigkeit infolge von Unaufgeklärtheit. Allein der „wissenschaftstheoretisch emanzipierte" Forscher erwirbt durch die Kompetenz zu selbständiger Methodenreflexion jenen Überblick, der ihm den Abschied von metaphysisch-universalisierenden Geltungsansprüchen tatsächlich erleichtert. Schließlich gewinnt er gerade durch Einsicht und Einblick in seine eigenen methodischen Verbindlichkeitsverhältnisse überhaupt erst größere Freiheitsgrade im wissenschaftlichen Handeln.(8)

*Selbsterkenntnis, Argumentationsvielfalt und Handlungsfreiheit in der Wissenschaft*

Wissenschaftlicher Fortschritt darf nämlich – wie schon mehrfach angesprochen – nicht als kontinuierlicher Prozess einer immer adäquateren Approximation an die metaphysische Wahrheit der vorstrukturierten Seins-Welt objektivitätsideologisch missverstanden werden, sondern kann sich im epistemologisch-therapeutischen Sinne vernünftigerweise „bloß" auf die erfolgreiche Verwirklichung reflexiver Erkenntnisakte beziehen, welche die prinzipielle Unabschließbarkeit wissenschaftlicher Handlungsmöglichkeiten, d.h. die potentielle Pluralität mikroweltlicher Strukturierungs- und Konstruktionsleistungen im Hinblick auf instrumentelle Objekterkenntnis erst klar bewusst machen. Forschungsbezogener Fortschritt ist daher ausschließlich im Zusammenhang mit mikroweltlicher Argumentationsvielfalt denkbar und muss insofern auch auf die Erweiterung von wissenschaftlichen Handlungsfreiräumen zielen, weil nur dann die Garantie besteht, dass „Realität" in disziplinären / subdisziplinären Kontexten tatsächlich auf unterschiedlichste Art und polymorphe Weise strukturiert werden kann.(9)

Durch zufriedenstellende Verfremdungshandlungen im Zuge epistemologisch-therapeutischer Bemühungen des CR kann das Konstruieren bestimmter mikroweltlicher Konstruktionen über adäquate Rekonstruktionsweisen ihrer Konstruktionswege effektiv nachvollzogen und verstanden werden. Erst erfolgreiche Handlungserkenntnis der mikroweltlichen Erkenntnishandlung lässt Mikroweltkonstrukteure also „handlungsselbstverständlich" werden und begreifen, was wissenschaftliches „Konstruieren" als konkreter Handlungsvollzug überhaupt bedeuten kann, weil sie dann nämlich de facto in der Lage sind zu sagen, was sie eigentlich tun, wenn sie gerade dabei sind, Wissen zu schaffen.

*Anmerkungen:*

(1) Vgl. Wallner, Fritz: Wissenschaft in Reflexion. Braumüller Verlag, Wien 1992

(2) Vgl. Hensel, Georg: Spielplan. Schauspielführer von der Antike bis zur Gegenwart. Deutsche Buch-Gemeinschaft, Berlin / Darmstadt / Wien 1975

(3) Vgl. Wallner, Fritz: Wissenschaft in Reflexion. Braumüller Verlag, Wien 1992

(4) Vgl. Wallner, Fritz: Die Verwandlung der Wissenschaft. Vorlesungen zur Jahrtausendwende. Verlag Dr. Kovac, Hamburg 2002

(5) Vgl. Wallner, Fritz; Agnese, Barbara (Hrsg.): Von der Einheit des Wissens zur Vielfalt der Wissensformen. Erkenntnis in Philosophie, Wissenschaft und Kunst. Braumüller, Wien 1997

(6) Vgl. Wallner, Fritz: Konstruktion der Realität. Von Wittgenstein zum Konstruktiven Realismus. WUV Universitätsverlag, Wien 1992

(7) Vgl. Wallner, Fritz: Wissenschaft in Reflexion. Braumüller Verlag, Wien 1992

(8) Vgl. Greiner, K.; Wallner F. (Hrsg.): Konstruktion und Erziehung. Zum Verhältnis von konstruktivistischem Denken und pädagogischen Intentionen. Verlag Dr. Kovac, Hamburg 2003.

(9) Vgl. Wallner, Fritz: Acht Vorlesungen über den Konstruktiven Realismus. WUV Universitätsverlag, Wien 1992

## Zum Prozess der EPISTEMOLOGISCHEN THERAPIE im CR:
die graphische Struktur des konstruktiv-realistischen „Wissen-Schaffens"

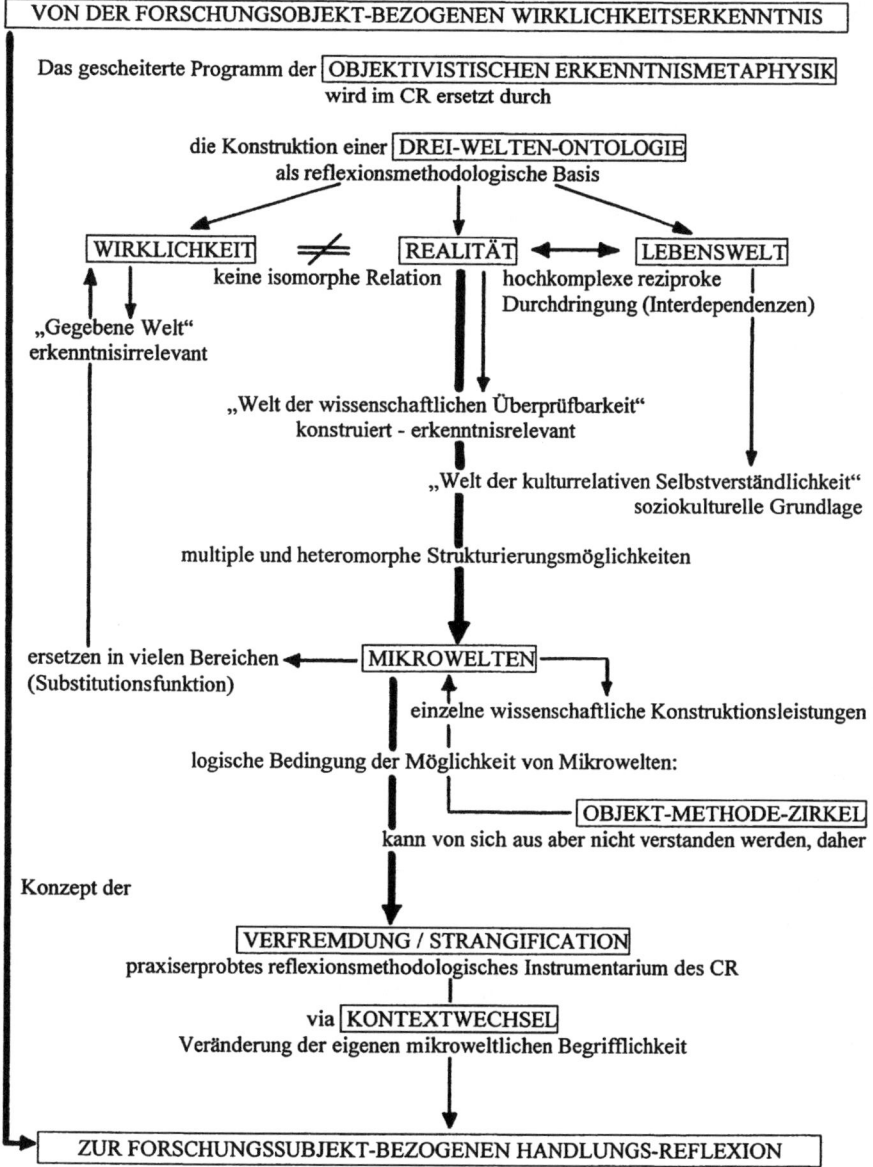

# VI. Die mikroweltenpluralistische Situation der Psychotherapie als methodologisches Vorbild für eine neue Generation von Wissenschaften

Struktur des 6. Hauptkapitels

1. Wissenschaftsstruktureller Spezialfall Psychotherapie

   - Entwicklungsfördernde Atmosphäre versus Strangifications-Phobie
   - Psychotherapie als „bewusst multiparadigmatische Wissenschaft"

2. Pluralismus und Heterogenität als Wegweiser für die Wissenschaft

   - Die Verfremdungsfreundlichkeit der Psychotherapie
   - Eine neue Generation von Wissenschaften

## 1. Wissenschaftsstruktureller Spezialfall Psychotherapie

Wenn Wissenschaftler durch erfolgreiche Handlungserkenntnis ihrer mikroweltlichen Erkenntnishandlungen tatsächlich begreifen lernen, was wissenschaftliches „Konstruieren" als faktischer Handlungsvollzug bedeuten kann und somit schließlich in die „handlungsselbstverständliche" Lage geraten, konkret angeben zu können, was sie eigentlich tun, wenn sie gerade dabei sind, Wissen zu schaffen, dann ist auch das grundlegende Ziel der ET im CR erreicht. Mikroweltkonstrukteure, die im Hinblick auf ihr wissenschaftliches Tun Selbstreflexions-Kompetenz adäquat entwickeln konnten, brauchen sich nicht länger vor fachinterner Argumentationsvielfalt zu fürchten und haben damit schon den kreativen Handlungsfreiraum im eigenen disziplinären Forschungs- und Praxisfeld automatisch erweitert.

Im Zusammenhang mit der Frage der konkreten Verwirklichungsmöglichkeiten folgenreicher Reflexionskompetenzen, kann man bei der Betrachtung einzelwissenschaftlicher Disziplinen und der Beurteilung ihrer spezifischen Erscheinungsformen durchaus von „tendenziell entwicklungsfördernden" und „tendenziell entwicklungshemmenden Milieus" sprechen.

Es lässt sich leicht feststellen, dass manche wissenschaftliche Fachgebiete in methodologischer Hinsicht pluralistischen Entwicklungsimpulsen gegenüber relativ „offen" sind im Vergleich zu anderen Forschungsrichtungen, die auf diesbezügliche Veränderungen eher „empfindlich" bis „ablehnend" reagieren. Der Grad der wissenschaftsstrukturellen Elastizität und der methodologischen Flexibilität einer Disziplin ist natürlich auch ein Maßstab für ihre Diskursfähigkeit und gibt damit nicht zuletzt sogar Hinweise auf langfristige Überlebensaussichten im Revier der institutionalisierten Wissenschaft. Die Frage danach, wie zugänglich sich ein disziplinäres / subdisziplinäres System für methodologische Transformationen und Erweiterungstrends erweist, richtet sich insofern auf Zukunftschancen und Möglichkeiten des Fortbestehens einer wissenschaftlichen Domäne.

*Entwicklungsfördernde Atmosphäre versus Strangifications-Phobie*

Vor allem Disziplinen mit unerschütterlicher objektivistischer Grundhaltung, rigoroser einheitswissenschaftlicher Ausrichtung und unreflektierten metaphysischen Verbindlichkeitsansprüchen leiden tendenziell an „Strangifications-Phobie". In diesem Sinne hochgradig „entwicklungshemmend", also akut „verfremdungsängstlich", sind üblicherweise die „Hard Sciences" bzw. die exakten Naturwissenschaften und all jene Forschungsgebiete, die sich unverändert am „szientistischen" Methodenmonismus der naturwissenschaftlichen Welt streng orientieren.

Andererseits existieren im Universum der Wissenschaften freilich auch Forschungsdisziplinen mit „entwicklungsfördernder Atmosphäre". Dasjenige wissenschaftliche Terrain, das zurzeit allerdings die entwicklungsgünstigsten Bedingungen und die optimalsten disziplinimmanenten Voraussetzungen für epistemologisch-therapeutische Intentionen im konstruktiv-realistischen Sinne bieten kann, ist die Psychotherapie in ihrem gegenwärtigen Status quo. Aufgrund ihrer wissenschaftsstrukturellen Eigenart und methodologischen Außergewöhnlichkeit steht nämlich die kontemporäre Forschungs- und Praxisform Psychotherapie in auffallendem Kontrast zu allen traditionellen einzelwissenschaftlichen Systemen und darf daher das Prädikat „verfremdungsfreundlichstes Klima" tatsächlich für sich reklamieren.

*Psychotherapie als „bewusst multiparadigmatische Wissenschaft"*

Sowohl die übliche Einführungsliteratur, als auch die meisten Lehrbücher der Psychotherapie präsentieren heute ein paradigmenpluralistisches und polykonzeptionelles Wissenschaftsbild. Dabei werden die unterschiedlichsten psychotherapeutischen Verfahrensweisen im kontextuellen Rahmen ihrer Entstehungs- und Herkunftssysteme dargestellt und übergeordneten paradigmatischen Grundpositionen zugeordnet. Zu den wichtigsten psychotherapeutischen Paradigmen zählen z.B. die psychodynamische, die verhaltenstheoretische, die humanistische, die systemische und die existentielle Position; und zu den bekanntesten psychotherapeutischen Systemen gehören etwa der psychoanalytische, der kognitiv-therapeutische, der personenzentrierte, der gestalttherapeutische und der logotherapeutische Ansatz. Diese wenigen Beispiele sollen hier für exemplarische Zwecke ausreichen, obwohl natürlich dazugesagt werden muss, dass mittlerweile eine nahezu unüberschaubare Menge unterschiedlichster psychotherapeutischer Ansätze und Systeme existiert und dass sich die Psychotherapie insofern auch ständig weiter aufsplittert.(1)

Offenbar ist es dem genuin theorien- und methodenpluralistischen Forschungs- und Praxisfeld Psychotherapie erfolgreich gelungen, ein wissenschaftliches Selbstverständnis außerhalb der ideologischen Zwangsjacke des einheitswissenschaftlichen Objektivitätswahns zu entwickeln. Immerhin berücksichtigen viele Vertreter einzelner psychotherapeutischer Systeme bei ihren Konzeptualisierungen bereits seit langem den gravierenden epistemologischen Fauxpas des „einheitswissenschaftlichen Programms" und lehnen den Glauben an die Möglichkeit einer raum-, zeit-, beobachter- und methodenunabhängigen Universaltheorie menschlicher Beziehungen generell ab. Nachweislich lässt sich in psychotherapeutischen Denk- und Handlungszusammenhängen heute vielmehr eine Selbstverständnistendenz ausmachen, die auf die Definition einer „bewusst multiparadigmatischen Wissenschaft" zielt und damit auf ein intra-disziplinäres Selbstverständnis hinausläuft, das weit abseits der alten einheitswissenschaftlichen Fixierung angesiedelt ist. Im wissenschaftlichen Terrain Psychotherapie zeichnet sich immer deutlicher ein „perspektivisches Wissenschafts- und Forschungsverständnis" ab, bei dem es sich um eine der psychotherapeutischen Situation besonders angemessene Erkenntnishaltung handelt, die vom „Wahrheits- und Objektivierungsparadigma" Abschied nimmt und sich mit der „Konstruktion und De-Konstruktion unterschiedlicher Wirklichkeitssichten" beschäftigt.(2)

## 2. Pluralismus und Heterogenität als Wegweiser für die Wissenschaft

Die wissenschaftsstrukturelle Sonderstellung der Psychotherapie zeigt sich also deutlich in ihrem mikroweltenpluralistischen Status quo, der heute – zumindest tendenziell – auch ihr disziplinäres Selbstverständnis und Selbstbewusstsein bestimmt. Die vielfältigsten psychotherapeutischen Verfahrensweisen, Positionen und Ansätze, die aus konstruktiv-realistischer Sicht in ihrer Gesamtheit als „heterogen strukturierte Mikroweltkonstruktionen" zu interpretieren sind, dürfen deshalb auch gleichberechtigt nebeneinander stehen bleiben, weil kein disziplinimmanenter einheitswissenschaftlicher Uniformierungszwang besteht. Solange sich im Terrain der Psychotherapie keine führungswissenschaftliche Tendenz breit macht, ist also theoretische und methodische Heterogenität garantiert, was nichts anderes bedeutet, als dass unter dieser Bedingung der Reichtum an verschiedenen Theoriesprachen auch weiterhin anwachsen wird. Genau das stellt für epistemologische Intentionen freilich eine enorme Chance dar.

*Die Verfremdungsfreundlichkeit der Psychotherapie*

Der immense erkenntnistheoretische Vorteil wird in der disziplinimmanenten Fülle an potentiellen Realisierungsmöglichkeiten von Selbstreflexionsleistungen für psychotherapeutisch Handelnde gesehen. Die postulierte Verfremdungsfreundlichkeit der Psychotherapie besteht nämlich darin, dass psychotherapeutische Forscher, Theoretiker und Praktiker ihr eigenes Wissenschaftsfeld nicht verlassen müssen, wenn sie nach adäquater Handlungserkenntnis ihrer spezifischen psychotherapeutischen Erkenntnishandlungen streben. Für die mikroweltenpluralistische Psychotherapie, als „bewusst multiparadigmatische Disziplin", könnten die Strangifications-Bedingungen nicht günstiger sein, da sie für Selbsterkenntniszwecke aus ihrem disziplinären Rahmen nicht zu steigen braucht, sondern im intradisziplinären Kontext verbleiben darf und trotzdem fruchtbare Verfremdungshandlungen durchführen kann. Durch reziprokes Jonglieren mit mikroweltlichen Konstruktionen lassen sich also in diesem Sinne etwa psychodynamische Perspektiven in systemische Zusammenhänge, verhaltenstheoretische Sätze in humanistische Kontexte, existentielle Sichtweisen in transpersonale Ansätze et vice versa etc. etc. verfremden. Im Zentrum solcher „entwicklungsfördernden" Prozeduren können dann z.B. Frageschemata folgender Art stehen: Warum scheitert das Konzept x aus dem System A im Kontext des Systems B? Welche konkreten Vorannahmen werden im System A eigentlich getroffen, damit dort die Formulierung von Konzept x im Vergleich zu System B überhaupt erst sinnvoll wird? Wie konzeptualisiert der Ansatz A im Vergleich zum Ansatz B den Menschen, potentielle Störungen und durch Therapie vermittelte Heilung, wenn er das Problem mittels Handlungsregel x und nicht mittels Handlungsregel y aktualisiert?

Entscheidend dabei ist, dass die dialogische Interaktion zur wechselseitigen Erhellung der unterschiedlichen Mikroweltenkontexte nicht gefährdet werden darf durch irgendwelche einseitigen Führungsansprüche, weil es stets zu bedenken gilt, dass gerade im Umstand der Heterogenität psychotherapeutischer Modellvorstellungen das Potential einer genuinen wissenschaftlichen Identität steckt. Intradisziplinäre Widersprüchlichkeit und Fremdartigkeit stellen für das psychotherapeutische Handlungs- und Forschungsfeld nämlich nicht nur ein wesentliches Abgrenzungskriterium gegenüber anderen Disziplinen und ihren traditionellen Wissenschaftsvorstellungen dar, sondern lassen die charakteristische Struktur der Psychotherapie sogar als methodologisches Vorbild für eine neue Generation von Wissenschaften begreifen.(3)

*Eine neue Generation von Wissenschaften*

Pluralismus und Heterogenität im eigenen wissenschaftlichen Lager dürfen nicht länger als Defizit oder Manko missverstanden werden, sondern sind vielmehr unter dem Aspekt ihrer unüberschätzbaren erkenntnistheoretischen Fruchtbarkeit zu beurteilen und zu bewerten.

Allein im ureigensten wissenschaftstheoretischen Interesse müsste im Prinzip jede epistemologisch aufgeklärte Wissenschaft nach der Aneignung jener „anti-einheitswissenschaftlichen" Grundhaltung streben, die das Forschungs- und Handlungsfeld Psychotherapie schon seit langem so erfolgreich praktiziert.

Das funktioniert freilich nur dann, wenn man zuvor in die qualitative Struktur des eigenen mikroweltlichen Sprachspielkontextes adäquaten Einblick gewinnt und dadurch erst den „terminologischen Werkzeugcharakter" der selbstentworfenen Modelle, Konzeptionen und Theorien tatsächlich einsieht. Nur über den Weg der Distanzierung von letztgültigen Erkenntnisansprüchen und absoluten Geltungsansprüchen können sinnvolle theoretische Konstrukte und viable hypothetische Modelle vernünftigerweise als spezifische mikroweltliche Handlungsregeln und Strukturierungsanleitungen mit rein methodischer Verbindlichkeit selbstverstanden werden. Erst vom Standort eines dementsprechend elaborierten Reflexionsniveaus aus betrachtet, lässt sich der Vorteil von intra-disziplinärer Argumentationsvielfalt richtig abschätzen und damit auch echte mikroweltliche Handlungsfreiheit gewinnen, was schließlich die Spezifik einer neuen Generation von Wissenschaften kennzeichnen würde.

Spezialfall Psychotherapie

Wie bereits Paul Feyerabend in diesem Zusammenhang bemerkte, mag nämlich eine einheitliche Meinung das Richtige sein für eine Kirche, für die eingeschüchterten oder gierigen Opfer eines Mythos oder für die schwachen und willfährigen Untertanen eines Tyrannen. Für wissenschaftliche Erkenntnisformen benötigt man allerdings viele verschiedene Ideen, und eine Methodologie, die Vielfalt und Verschiedenartigkeit fördert, ist darüber hinaus auch als einzige kompatibel mit einer humanistischen Grundeinstellung.(4)

*Anmerkungen:*

(1) Vgl. Stumm, Gerhard; Wirth, Beatrix (Hg.): Psychotherapie. Schulen und Methoden. Eine Orientierungshilfe für Theorie und Praxis. Falter Verlag, Wien 1994

(2) Vgl. Wagner, Elisabeth: Psychotherapie als Wissenschaft in Abgrenzung von der Medizin. In: Pritz, Alfred (Hg.): Psychotherapie – eine neue Wissenschaft vom Menschen. Springer Verlag, Wien / New York 1996

(3) Vgl. Slunecko, Thomas: Einfalt oder Vielfalt in der Psychotherapie. In: Pritz, Alfred (Hg.): Psychotherapie – eine neue Wissenschaft vom Menschen. Springer Verlag, Wien / New York 1996

(4) Vgl. Feyerabend, Paul: Wider den Methodenzwang. Suhrkamp Verlag, Frankfurt a. M. 1986

**Culture and Knowledge**

Edited by Friedrich G. Wallner

Vol. 1 Friedrich G. Wallner: Structure and Relativity. 2005.

Vol. 2 Kurt Greiner: Therapie der Wissenschaft. Eine Einführung in die Methodik des Konstruktiven Realismus. 2005.

www.peterlang.de

Joachim Kopper

# Das Unbezügliche als Offenbarsein

### Besinnung auf das philosophische Denken

Frankfurt am Main, Berlin, Bern, Bruxelles, New York, Oxford, Wien, 2004. 216 S.
Miroir et Image. Philosophische Abhandlungen.
Herausgegeben von Joachim Kopper und Maryvonne Perrot. Bd. 7
ISBN 3-631-52113-8 · br. € 35.–*

Das philosophische Denken der Neuzeit geschieht, indem es über die Bedeutung der Welt und des Menschseins nachdenkt, in einem behauptenden Aussprechen, das sich selbst in einer Haltung der Skepsis vollzieht. Indem die Skepsis sich dabei selbst durch das – positive oder negative – metaphysische Behaupten zum Ausdruck und Vollzuge bringen muss, ergibt sich eine Zersetzung des metaphysischen Behauptens, die aber doch selbst in Behauptungen verfahren muss. Die Besinnung auf das Geschehen des Unbezüglichen als Offenbarsein führt zu der Einsicht, dass durch diesen Prozess schließlich das philosophische Behaupten selbst als ein Statthaben von Offenbarkeit hervorgeht.

*Aus dem Inhalt*: Das philosophische Denken · Descartes, Spinoza, Berkeley, Kant, Fichte. Die Besinnung · Das Aussprechen · Die Abstraktion · Die Bedeutung · Das Offenbarsein

Frankfurt am Main · Berlin · Bern · Bruxelles · New York · Oxford · Wien
Auslieferung: Verlag Peter Lang AG
Moosstr. 1, CH-2542 Pieterlen
Telefax 00 41 (0) 32 / 376 17 27

*inklusive der in Deutschland gültigen Mehrwertsteuer
Preisänderungen vorbehalten

**Homepage http://www.peterlang.de**